一生尝缘

回眸一笑淡看世间浮华

薄微 ◎ 编著

慰藉疲惫的心灵，笑对生活中的压力与困境。

中国华侨出版社

图书在版编目（CIP）数据

一生觉缘：回眸一笑淡看世间浮华 / 薄微编著 . —北京：中国华侨出版社，2014.6（2021.4重印）

ISBN 978 – 7 – 5113 – 4685 – 8

Ⅰ. ①一… Ⅱ. ①薄… Ⅲ. ①人生哲学 – 通俗读物 Ⅳ. ①B821 – 49

中国版本图书馆 CIP 数据核字（2014）第 113403 号

● 一生觉缘：回眸一笑淡看世间浮华

编　　著／薄　微
责任编辑／文　筝
封面设计／智杰轩图书
经　　销／新华书店
开　　本／710 毫米×1000 毫米　1/16　印张 16　字数 180 千字
印　　刷／三河市嵩川印刷有限公司
版　　次／2014 年 8 月第 1 版　2021 年 4 月第 2 次印刷
书　　号／ISBN 978 – 7 – 5113 – 4685 – 8
定　　价／45.00 元

中国华侨出版社　北京朝阳区静安里 26 号通成达大厦 3 层　邮编 100028
法律顾问：陈鹰律师事务所
编辑部：（010）64443056　　64443979
发行部：（010）64443051　　传真：64439708
网　址：www.oveaschin.com
e - mail：oveaschin@sina.com

前　言

也许是生活，让我们不得不淹没在茫茫人海中，淹没在尘世的琐碎中。每天，从起床的那一刻起，我们就不由自主地跟着生活的脚步，去追随名与利的光环，去追逐红尘中各种梦想的实现。

但是，当你默默独处时，有没有听到内心深处对于宁静的呼唤？

当你面对弱小的生灵，有没有感受到一种悲悯的情怀？

当你面对挑衅和误解，有没有想到容忍和退让？

……

在对欲望的追逐中，人们常感觉身心俱疲，却又无法停下走向这个无底深渊的脚步，正所谓"世味浓，不求忙而忙自至"。但忙来忙去，多的是更大的贪念和对心灵的负罪，少的是人生的真滋味。

快乐或者烦忧，不在于你的生活中发生了什么事情，而在于你对待这些事情的态度。只要自己丢下妄缘，抛开杂念，热闹场中亦可做道场，求得心灵的宁静和人生的快乐。

然而，这世间有几人可以放下、远离、不贪？所以虽经苦修，却依然难成正果。所以，我们不必强求真实的解脱，只需将一颗狂躁、贪恋、执著的心放得平和一点，再平和一点，就会活得比原来真实、快乐。

禅宗讲究"顿悟",我等凡夫俗子也许永远无法达到这样的境界,但我们在人生的跋涉中不能放弃对于真理的膜拜,对高明智慧的探求。只有在不断的学习、参悟中,我们才有机会领略人生的另一种风景。

不管你有多忙、有多累,不管你的生活如何受制于尘世中的名缰利锁,只要你佛心不泯,你就能够修得"正果"。

将佛法融入生活,在生活中进行禅修,将会带领我们进入一个和谐而智慧的灵性境界,慰藉心灵的疲惫,笑对生活中的压力与困境。用禅机聪慧头脑,用佛法滋养心灵,快乐地活在当下。

目 录

第一章 心正成佛——欲求心灵解脱的人，须知有舍有得

不放下背上的包袱就跑不快，不松开已抱满了东西的手，就腾不出手来再抓住新的东西，有舍才有得。"心中有事世间小，心中无事一床宽"，欲求心灵解脱的人，须知有舍有得、舍而后得的人生道理。

舍却外物的附庸 …………………………………… 2
舍得舍得　有舍有得 ……………………………… 3
提着与放下 ………………………………………… 4
信徒的捐赠 ………………………………………… 4
背在身上的独木舟 ………………………………… 5
小虫负重 …………………………………………… 6
心中无事一床宽 …………………………………… 7
利润 ………………………………………………… 7
一院的美丽与一村的菊香 ………………………… 8
错过了美丽，收获的不一定是遗憾 ……………… 9

形可变性不可变 ·· 10
放下心中的屠刀 ·· 11
天生辽阔 ·· 12
色即是空 ·· 13
笑看成败得失 ··· 14
不要固执一端 ··· 14
难得"放下" ··· 15
背在肩上的篓子 ·· 16
来来往往若干船 ·· 17
谦让则有余 ·· 18

第二章　认识自我——领悟生命返璞归真的美妙

　　红尘万丈，尘世中的我们为钱、为权、为名、为利变得庸俗而世故，人性中的真善美也被各种利益关系所掩盖。所谓的友人大多成了事业上的合作伙伴，所谓亲人也总是摆脱不了各种利益上的往来……在各种应酬闲暇之余，应留给自己一些时间，向无限深处的地方重新发现一下自己内心的真实状态。

做那个别人无法替代的自己 ·································· 20
不断清扫心灵的尘埃 ·· 21
人生的锁链 ·· 21
凡人的禅心 ·· 23
介绍你去见一个人 ··· 24
我很重要 ·· 25
不要迷失自我 ··· 26
尊重自己的本性 ·· 27

悟禅靠心 ··· 28

悟心悟性　改变命运 ··· 29

山羊还是老虎 ··· 34

焦尾琴 ··· 36

时时勤拂拭 ··· 37

自己的行为自己决定 ··· 38

懂得说"不" ··· 38

发现你的个性 ··· 40

张扬自我的风采 ··· 41

先改造自己 ··· 42

行住坐卧都是道 ··· 43

与其执著拜倒不如大胆超越 ······························· 44

老与小的定位 ··· 44

捕渔人的嗅觉 ··· 45

驯服与控制 ··· 46

不能自欺欺人 ··· 47

着急的年轻人 ··· 49

山高怎阻野云飞 ··· 50

假人 ·· 51

高与低 ·· 52

第三章　迁善去恶——慈悲与智慧的化身

佛家弟子常念"我佛慈悲"，常怀悲悯之心则恶念不生，人便活得踏实、平和。慈悲之情是温暖人间的薪火，是人类共同传承的良知。如果世界上没有了悲悯之情，人与人之间将变得冷酷无情，

生活将充满磨难。常怀悲悯之情，可以使人们在关心他人、帮助他人中精神得到净化，灵魂得到升华。

佛性就像一盏灯	54
爱这世间一切生命	55
勿以恶小而为之	56
佛的慈悲心	57
天使的翅膀	58
生如夏花	61
善非善　恶非恶	63
爱的重量	64
一杯糖精水	65
一栋房子的价值	66
女孩良言	67
钱因人而恶	68
感谢花开	69
做个能保护弱者的人	70
给予是福	71
我只有10块钱	72
这也是一种感激	73
富有的心情	75
"报复"丈夫的办法	75
善恶两分	76
善恶全在一线间	77
拉萨的月光	78
佛在身边	79

第四章　宠辱不惊——提升心灵修养，缓解生存压力

宠辱不惊，闲看庭前花开花落；去留无意，漫观天外云卷云舒。红尘万丈，体味人情冷暖，感受世态炎凉。以平常之心处世度人，以从容之态演绎人生。从容是一种修炼，它不只表现于生命在得意之时豁达、稳健，更在于陷入不幸时的坦然与沉静，这是一种人生的境界。

保持一颗清净的心	82
禅镜	83
行善也需平常心	84
天堂与地狱只一线之隔	85
灯芯将尽	86
损失了两个马克	87
落日	88
不要期待完美	89
自夸者必自败	89
以平常心泰然处之	90
害你的是自己的心	92
不要抱怨已经得到的	93
拿自己的那一份	94
爱，无需刻意去把握	95
心有定力功自成	96
想买货的人才会挑毛病	97
被嫉妒打断的双腿	98
唯一重要的是现在	99

福神与穷神 …………………………………… 100

来去随缘 ……………………………………… 101

聋人和盲人 …………………………………… 102

第五章　无欲无求——忘记尘世的喧嚣

　　禅诗有云：春有百花秋有月，夏有凉风冬有雪。若无闲事挂心头，便是人间好时节。境由心生，只有内心归于平静才可感受到人生的美好，心灵一旦被物欲所牵，就等于被蛛网所系，一生不得挣脱，而克制欲望，保持淡泊之心则可让人趋于平静。明白事理：功名利禄，荣华富贵均是身外之物，不可没有，亦不可强求。如此，你的内心则可以获得释然。

淡有淡的味 …………………………………… 104

欲念一生福自去 ……………………………… 105

藏在衣服里的珠宝 …………………………… 106

一匹马带来的烦恼 …………………………… 106

价值20美金的时间 …………………………… 108

找一处空旷 …………………………………… 109

金子与石头 …………………………………… 110

宰相与军吏 …………………………………… 110

只要适合自己就不糟糕 ……………………… 111

欲望是人们堕落的源头 ……………………… 112

别让贪婪毁了你 ……………………………… 113

拒绝金钱的锈蚀 ……………………………… 114

知道自己有什么 ……………………………… 115

黄金毒蛇 ……………………………………… 116

见好不收 ……………………………………………………… 117
穷人、富人和乞丐 …………………………………………… 118
按门铃 ………………………………………………………… 119
给菩萨的信 …………………………………………………… 120
福往者福来 …………………………………………………… 121
敞开心灵的栅栏 ……………………………………………… 122
拥有便是损失 ………………………………………………… 124

第六章　素心做人——君子与其练达，不若朴鲁

物欲横流的世界，我们感叹人情之冷淡，世俗之无奈。冷若冰霜成了一种习惯，"事不关己，高高挂起"，朋友，侠肠义胆的朋友究竟还有几许？不敢贸然给予回答。但是若以一份至诚之心，火热之心，与人为善之心，一份侠肝义胆的忠心去与人交朋友，不愁同样侠肠义胆的朋友不遍地开花。

人生何妨随缘而定 ……………………………………………… 126
贤者之心有如山石 ……………………………………………… 126
立即做该做的事 ………………………………………………… 127
决心要做就认真去做 …………………………………………… 128
最厉害的鸡 ……………………………………………………… 129
水的形状 ………………………………………………………… 129
锲而不舍，金石可镂 …………………………………………… 131
积聚财富 ………………………………………………………… 132
有所不为 ………………………………………………………… 133
痛并行动着 ……………………………………………………… 134
用美名度人 ……………………………………………………… 135

2500个"请"	136
长成一颗珍珠	137
智慧至上	138
如此养生	140
得与失的辩证法	141
水满则溢，月盈则亏	142
让不可能成为可能	144
我也可以为你忙	144
学会与人分享	145
肯做糊涂事　方为明白人	146
甘甜的海水	147
信用的价值	148
目标与过程	149
用心体会	151
虚心才能学到真本事	152
进退的智慧	153
决不后退	154
好人不悔	155
自卑的力量	156
盲童的执著	157
尊重一盏灯	158
生命的账单	160
一条狗与一只猫	161
乞丐与露珠	162

第七章　有容乃大——生活本身就是水至清则无鱼的包容

关于对人的尊重、宽容，集儒释道智慧于一身的《菜根谭》总结道："持身不可太皎洁，一切污辱垢秽，要茹纳得；与人不可太分明，一切善恶贤愚，要包容得。"善哉，重人才能恕己，有容心才宽大。

有容乃大	164
度量是一种美	165
宽恕别人宽恕自己	166
善待别人的缺点	166
以美的眼光看周围的人	167
尊重的意义	168
不要报复你的敌人	169
孩子身上的尘埃	171
与人方便才能与己方便	172
给人面子是最大的尊重	172
一先令的报酬	173
美丽的裙子	174
地球的香味	175
盗贼的感谢	175
不为生气而种兰	177
不要在小事上计较	177
也要给别人一个权力范围	178
擦不净的铜镜	179
不同的气候	181

听比说更能解决问题 ································· 182

尊重是沟通的前提 ··································· 183

第八章　参悟世事——让温暖的力量从心底升起

也许因为受到尘世中名缰利锁的牵制，你不能不拖着疲惫的脚步，去追求一个个具体的生活目标，但是只要你参悟世事，就能刹那抛开心灵的束缚，修成人生的"成果"。

看清三种人生 ······································· 186

别做晒躯壳的人 ····································· 187

半年人生 ··· 188

看到的与真实的 ····································· 189

没时间老 ··· 190

重要的是心 ··· 191

站在高处 ··· 192

人生不等待弱者 ····································· 192

强大与弱小 ··· 193

替代 ··· 194

命运线全在自己的手上 ······························· 194

亲眼所见未必真 ····································· 195

局部的失败 ··· 196

三文钱买饼 ··· 197

雪融化了，春天来了 ································· 198

真正的男子汉 ······································· 198

一切都将过去 ······································· 199

本来面目 ··· 200

不动常动	202
都是人生的旅客	203
同样的事情	204
人生的意义需要自己确定	205
运用知识比拥有知识更重要	206
这样的感觉	207
问题就是希望	208
追求的是什么	209
度人度心	210
不要被表象迷惑	211
变得更强	212
闭上眼睛才能看明白	213
一切随缘任他去	214
全在一个"悟"字	214
偃溪水声	215
寒天热水洗脚	216
任凭三尺雪，难压寸灵松	216
烦恼是佛	217
但向己求	217
自家宝藏	218

第九章 呵护心灵——真正的快乐天堂，就在你自己的心中

快乐，是个满世界讨人喜欢的甜蜜幽灵，也是让人为之终生苦苦追求的蓝色幽灵，更是让人为之痴迷且颠狂的妖魔幽灵。快乐幽灵并不神秘稀缺，它们成群结队，每时每刻都在人间游荡，犹如雨

后的阳光洒满大地。只要自己丢下妄缘，抛开杂念，热闹场中亦可作道场，求得心灵的宁静和人生的快乐。

生活中的苦恼并不在苦恼本身……………………………… 220
自己若不气哪里来的气………………………………………… 221
心就是快乐的根………………………………………………… 223
甜蜜的樱桃……………………………………………………… 224
布袋上的"魔咒"……………………………………………… 225
18年后的改变…………………………………………………… 226
快乐的钥匙……………………………………………………… 227
不必伤心………………………………………………………… 229
自己愉快也能带给别人愉快的人……………………………… 230
不同的比较换来不同的心境…………………………………… 231
快乐是"比"出来的…………………………………………… 232
太好了…………………………………………………………… 233
心中有景………………………………………………………… 234
快乐用心去感受………………………………………………… 234
笑医百病………………………………………………………… 235
把生活当成一种艺术…………………………………………… 236
小蝈蝈的佛性…………………………………………………… 237
以苦为乐………………………………………………………… 238

第一章
心正成佛——欲求心灵解脱的人,须知有舍有得

不放下背上的包袱就跑不快,不松开已抱满了东西的手,就腾不出手来再抓住新的东西,有舍才有得。"心中有事世间小,心中无事一床宽",欲求心灵解脱的人,须知有舍有得、舍而后得的人生道理。

舍却外物的附庸

有一个中年人，家庭事业都有了基础，但是却觉得生命空虚，感到彷徨而无奈，而且这种情况日渐严重，到后来不得不去看医生。

医生听完他的陈述，开了四个药方，对他说："你明天9点钟以前独自到海边去，不要带报纸杂志，不要听广播，到了海边，分别在早上9点、中午12点、下午3点、5点，依序打开药方，你的病就会好的。"

那位中年人将信将疑，但还是依照医生的嘱咐来到了海边，看到晨曦中的大海，心灵为之一震，心情也跟着变得开朗了。

9点整，他打开第一个药方，上面写着"谛听"二字。于是他坐下来，倾听风的声音、海浪的声音，他感觉到自己的心跳与大自然的节奏是那么的协调，很久没有这么安静地坐下来聆听了，他感觉自己的身心仿佛得到了洗礼，突然觉得很舒爽。

12点，他打开第二个药方，上面写着"回忆"二字。他开始从谛听外界的声音转回来，回想从前：童年时的无忧，青年时的艰辛，父母的慈爱，朋友的友谊，生命的热情又重新燃烧起来了。

下午3点，他打开第三个药方，上面写着"检讨你的动机"。他记得早年创业时，怀有远大的理想，为了追求人生的福祉，他热诚地工作。可等到事业有成了，全然忘记了当初的信念，只顾着赚钱，失去了经营事业的喜悦，又由于过于强调自我，也不再关心别人的冷暖。想到这里，他已深有领悟。

到了黄昏的时候，他打开最后一个药方，上面写着："把烦恼写在沙滩上。"他走进离海最近的沙滩，写下了他的烦恼，可是一波海浪立即淹没了它们，洗得沙滩一片平坦。他愣住了。

他终于悟出了生命的意义。在回家的路上，他再度恢复了生命的活力，空虚与彷徨也消失得无影无踪了。

这则故事颇具禅的意味。"把烦恼写在沙滩上",就是要放下、要舍却,沙滩上的字被海水一冲就消失了,缘起性空才是生命的真相,能悟出这一层,放下就没那么困难了。唯有舍却外物的附庸,方有真性情的流露,方能成为自己的主人,这是生活本色的自然呈现。

舍得舍得　有舍有得

在巴勒斯坦有两个湖,这两个湖给人的感觉是完全不一样的。其中一个湖名叫太巴列,水质清澈洁净,可供人们饮用,湖里面各种生物和平相处,鱼儿游来游去,清晰可见,四周是绿色的田野与园圃,人们都喜欢在湖边筑屋而居。

另一个湖叫死海,水质的碱度位于世界之最,湖里没有鱼儿游动,湖边也是寸草不生,了无生气,景象一片荒凉,没有人愿意住在附近,因为它周围的空气都让人感到窒息。

有趣的是,这两个湖的水源,是来自同一条河的河水。所不同的是:一个湖既接受也付出,而另一个湖在接受之后,只保留,不懂得舍却原来的水。

让河水流动,方得一池清水,这是流水不腐的道理。舍而后得,这是人生的道理。

"舍得"一词,是佛家语,是禅境语。本意是讲万丈红尘扑朔迷离,人生在世总会有获得有舍却。舍与得互为因果,往与复本来是自如的,如果领略其中奥妙,自然可以打破分别之心。佛无分别心,无分别心,即无烦恼挂碍,心境圆融通达,人生有限之生命就会融入无限的大智慧中。

舍与得的问题,多少有点哲学的意味。舍得,舍得,先有舍才有得,不舍不得,小舍小得,大舍大得,舍即是得。舍是得的基础,将欲取之,必先予之,因而人生最大的问题不是获得,而是舍弃,无舍尽得谓之贪。领悟了舍得之道，对于做人做事都有莫大的益处。做人，应该抛弃贪婪、虚伪、浮华、自私，力求真诚、善良、平和、大气。做事，应该有所为有所不为。

提着与放下

有一天，一位弟子去拜访赵州禅师，由于没有带礼物，心里觉得很过意不去，于是对赵州禅师说："老师！我什么都没有带来。"

赵州禅师说："那么你就放下吧！"

这个学生没有听懂老师的启发，却更在意起来，便说："老师！我什么礼物都没有带，你怎么叫我放下来呢？"

赵州禅师听了又说："那么你就提着吧！"

人不免有一点小错，就心理健康的法则来看，要懂得原谅自己。小错只要改正就行，用不着太在意。太在意就会失去宽阔的心胸，无法超然物外，放不下心里的包袱，人生便失去了豁达的境界。

信徒的捐赠

诚拙禅师在圆觉寺弘法时，法缘非常兴盛。每次讲经时，都人满为患。故信徒中就有人提议，要建一座较宽敞的讲堂。

有一位信徒用袋子装了50两黄金，送到寺院给诚拙禅师，说明是要捐助盖讲堂用的。禅师收下后，就忙着做别的事去了，对此信徒非常不满，因为50两黄金，不是一笔小数目，可以给平常人过许多年生活，而禅师拿到这笔巨款，竟连一个"谢"字也没有，于是就紧跟在诚拙的后面提醒道:"师父!我那袋子里装的是50两黄金。"

诚拙禅师漫不经心地应道:"你已经说过,我也知道了。"禅师并没有停下脚步,信徒提高嗓门道:"喂!师父!我今天捐的50两黄金,可不是小数目呀!难道你连一个'谢'字都不肯讲吗?"

禅师刚好走到大雄宝殿佛像前,他停下说道:"你怎么这样唠叨呢?你捐钱给佛祖,为什么要我跟你说'谢谢'?你布施是在做你自己的功德,如果你要将功德当成一种买卖,我就代替佛祖向你说声'谢谢',请你把'谢谢'带回去,从此你与佛祖'银货两讫'吧!"

行善讲求的是亲历性的精神快乐,行善让我们感到满足,我们给佛祖以物质上的捐赠,是为了自己获得精神上的安慰。既然自己有所得,有所求,为什么一定要让别人说"谢谢"呢。

背在身上的独木舟

古时候,有一个农夫初次到一个村庄办事,可是当时交通不便,他只能徒步行走。

这农夫穿过一大片森林后发现,要到达这一村子,还必须经过一条河,不然的话,就得爬过一座高山。

怎么办呢?是要渡过这条湍急的河流呢?还是要辛苦地爬过高山?

正当这农夫陷入两难时,突然看到附近一棵大树,于是就用随身携带的斧头,把大树砍倒,而将树干砍凿成一个简易的独木舟。这个农夫很高兴,也很佩服自己的聪明,因他很轻松地坐着自造的独木舟,就到达了对岸。

上岸后,农夫继续往前走。可是他觉得,这个独木舟实在很管用,如果丢弃在岸旁,实在很可惜。而且,万一前面再遇到河流的话,他又必须再砍树,辛苦地凿成独木舟。所以,农夫就决定,把独木舟背在身上走,以备不时之需。

走啊走，这农夫背着独木舟，累得满头大汗，步伐也越走越慢，因为这独木舟实在是太重了，压得他喘不过气来。

这农夫边走边休息，有时真是好想把独木舟丢弃。可是，他却舍不得，心想，既然已经背了好一阵子了，就继续吧。万一真的遇到河流，就会起大作用的。

然而，这农夫一直汗流浃背地走，走到天黑，发现一路上都很平坦，在抵达那一个村庄前，都没有再遇到河流。

可是，他却比不背独木舟多花了三倍的时间，才到达目的地。

生活中处处充满着哲学和智慧。很多的时候，就需要你放弃很多似乎对自己有用的东西。因为轻装上路，更能加速自己前进的步伐。

小虫负重

有一种小虫很喜欢背东西，它无论遇到什么东西，总要设法把它背在身上。它的背很涩，因此背的东西也不易掉下来。终于，东西越积越多，越来越重，竟压得小虫爬不动了。人们见了可怜它，把它背上的东西拿掉。但是，它爬起来以后，又去找东西背了。它又喜爱往高处爬，拼命地爬个不停，终于坠下地来摔死了。

人生所能承受的负担是有限的，不要什么事都往自己身上扛，要学会选择，也要学会放弃和减负。人生道路还很漫长，只有轻装前行才能顺利到达终点，也只有如此才能有闲暇来欣赏沿途的风景。

心中无事一床宽

一个吸毒的囚犯,被关在牢狱里,他的牢房空间非常狭小,住在里面很是拘束,又不能活动。他的内心充满着愤恨与不平,倍感委屈和难过,认为住在这么一间小囚牢里面,简直是人间炼狱,因此,他每天怨天尤人,不停地叹息着。

有一天,小牢房里面突然飞进一只苍蝇,"嗡嗡"地叫个不停,到处乱飞乱撞。他心想:我已经够烦了,又加上这讨厌的家伙,实在气死人了,我非捉到你不可!他小心翼翼地捕捉,无奈苍蝇比他更机灵,每当快要提到它时,它就轻盈地飞走了。苍蝇飞到东边,他就向东边一扑;苍蝇飞到西边,他又往西边一扑。捉了很久,还是无法捉到它,这才慨叹地说:"原来我的小囚房不小啊,居然连一只苍蝇都捉不到。"心态的不同,导致了对外部世界的感知也发生了变化。正所谓:心中有事世间小,心中无事一床宽。

心外世界的大小并不重要,重要的是我们自己的内心世界。不管世间的变化如何,只要我们的内心不为外境所动,则荣辱、是非、得失都不能影响我们。

利润

小镇上一位颇有钱的五金店老板把支票放在大信封内,把钞票放在雪茄烟盒里,把到期的账单插到票据上。

当会计师的儿子来探望父亲,说:"爸爸,我实在搞不清你是怎么

做买卖的。你根本无法知道自己赚了多少钱。我替你搞一套现代化会计系统好吗？"

"不必了，孩子，"老头说，"这一切，我心中有数，我爸爸是个农民，他去世时，给我的东西只有一条工装裤和一双鞋。后来我离开农村，跑到城市，辛勤工作，终于开了这家五金店。今天我有三个孩子——你哥哥当了律师，你姐姐当了编辑，你是个会计师。我和你妈妈住在一所挺不错的房子里，还有两部汽车。我是这家五金店的老板，而且没欠人家一分钱。"

老头停顿了一下接着说："好了，说说我的计算方法吧——把这一切加起来，扣除那条工装裤和那双鞋，剩下的都是利润。"

生活中我们总在不断计算自己的得失，可我们是否想过：什么是我们真正拥有的？我们赤条条地来，赤条条地走，带不来什么也带不走什么，唯有在生命的过程中有过得有过失。如果我们曾经拥有过什么，那就是我们来人世这一遭的利润了。

一院的美丽与一村的菊香

一位老禅师在院子里种了一棵菊花。第三年的秋天，院子成了菊花园，香味一直传到山下的村子里面。凡是来寺院的人们都忍不住赞叹："好美的花儿呀！"

一天，村子里有个人开口向老禅师要几棵花种在自家的院子里，老禅师答应了。他亲自动手挑选开得最艳、枝叶最粗的几棵，挖出了根须送到了那个人的家里。消息很快传开了，前来要花的人接连不断。在老禅师的眼里，这些人一个比一个知心，一个比一个亲近，所以都要给。不多时日，院子里的菊花就被送得一干二净了。

没有了菊花，院子里就如同没有了阳光一样寂寞。

秋天的最后一个黄昏，有个弟子看到满院的凄凉，就忍不住地叹息

道:"真可惜！这里本来应该是满院花朵与香味的。"

老禅师笑着对弟子说:"你想想，这岂不是更好吗？三年之后将一村菊香。"

"一村菊香！"弟子不由得心头一热，看着师父，只见他脸上的笑容比开得最美的花还要灿烂。

老禅师告诉弟子说:"我们应该把美好的事与别人一起共享，让每一个人都感受到这种幸福，即使自己一无所有了，心里也是幸福的。这时候我们才真正拥有了幸福。"

不舍一株菊花，哪得一村菊香？

没有小舍，怎么可以得到更多？生活是一种付出—收获—付出的往复循环过程，而在整个循环过程中，付出是前提，收获是结果。假如你不舍小，那么就不可能有大得。

错过了美丽，收获的不一定是遗憾

美国的哈佛大学要在中国招一名学生，这名学生的所有费用由美国政府提供。初试结束了，有30名学生成为候选人。

考试结束后的第10天，是面试的日子。30名学生及其家长在锦江饭店等待面试。当主考官劳伦斯·金出现在饭店的大厅时，一下子被大家围了起来，他们用流利的英语向他问候，有的甚至还迫不及待地向他做自我介绍。这时，只有一名学生，由于起身晚了一步，没来得及围上去，等他想接近主考官时，主考官的周围已经是水泄不通了，根本没有插空而入的可能。

于是这名学生错过了接近主考官的大好机会，他觉得自己也许已经错过了机会，于是有些懊丧起来。正在这时，他看见一个外国女人有些落寞地站在大厅一角，目光茫然地望着窗外，他想：身在异国的她是不是遇到了什么麻烦，不知自己能不能帮上忙。于是他走过去，彬彬有礼

地和她打招呼，然后向她做了自我介绍，最后他问道："夫人，您有什么需要我帮助的吗？"

后来这名学生被劳伦斯·金选中了，在30名候选人中，他的成绩并不是最好的，而且面试之前他错过了加深自己在主考官心目中印象的最佳机会，但是他却无心插柳柳成荫。原来，那位异国女子正是劳伦斯·金的夫人。原来错过了，收获的并不一定是遗憾，有时甚至可能是意外的收获。

人生要留一份从容给自己，这样就可以对不顺心的事，处之泰然；对名利得失，顺其自然。要知道世上所有的机遇并不都是为你而设的，人生总是有得有失，有成有败，生命之舟本来就是在得失之间浮沉。只要怀着诚恳、善良的心，总会有所收获。

形可变性不可变

岩头禅师在唐武宗毁灭佛法时，缝制了一套俗装，准备到不得已的时候，可以应变。不久圣旨下来，强令僧尼还俗，有声望的高僧还要被逮捕判刑。岩头禅师为了躲避苛政，他穿了俗装，戴了低檐帽子，悄悄躲进一个在家修行的师姑佛堂里。当时师姑正在斋堂吃饭，岩头大摇大摆地走进厨房，拿起碗筷也开始吃饭，这时一个道童看见他，立刻告诉师姑，师姑拿起棒子，做出准备打人的姿势，并且口中说道："呵！原来竟是岩头上座，怎么变形了？"

岩头禅师不慌不忙，安然说道："形可变，性不可变。"

唐武宗毁灭佛法，修行之人就只能随俗应变。很多修行者有顾虑，以为穿上俗衣就不能修成正果，这就是执著。任何一种执著都会妨碍人的修行。能体悟到变形不变性，固守自身佛性，才是真正的坚如磐石，不为外物所动。

放下心中的屠刀

从前，印度奇特拉杜尔加有一位国王，他十分关心百姓的疾苦，很受臣民爱戴。这位国王还有一个特别之处，就是爱做稀奇古怪的梦。因此，人们都叫他"梦王"。

一天，国王梦见一只红狐狸悬挂在他床头的上空。他百思不解其意，便下令把全国的学者召到王宫，给他解梦，可是谁也解释不出这个梦的意思。于是，国王宣布，如果谁能解梦，就赏给他1000枚金币。

某个村子里有个穷农夫，他听说这一消息后，连夜去找知识渊博的婆罗门拉马·乔西。农夫对婆罗门说："如果您能告诉我这个梦的意思，我一定把国王的赏钱分给您一半。"

博学的婆罗门既不贪名，也不图利，但他想考验一下农夫是否诚实。因此，他同意了农夫的要求。他说："这个梦是向国王暗示，在我们这个王国里，存在着许多虚伪、欺骗和不诚实的现象，他应设法尽快杜绝。"

国王听了农夫的解释，连连点头称是。他赏给了农夫1000枚金币。可是，自私的农夫没有履行诺言，他一个人把钱独吞了。

不久，国王又做了一个怪梦，梦见在他头上悬挂着一把寒光闪闪的匕首。这次，他宣布，如谁能解梦，就奖赏5000枚金币。

农夫又来求婆罗门拉马·乔西，并发誓这次一定把赏金分给他一半。

婆罗门拉马·乔西对他说："这个梦说明奇特拉杜尔加即将遭到敌人的进攻。快去禀告国王，从现在起，务必做好抗击敌人的准备。"

国王听完农夫的解释，立刻下令军队处于戒备状态。不久，果然有敌军来犯，国王的军队很快就把他们打退了。

国王奖给农夫5000金币，可他这次又分文没给婆罗门拉马·乔西。

过了一些日子，国王又做了一个离奇的梦，梦见王宫的花园里有一只羊在悠闲地吃草，有一只白鸽在他头顶上盘旋。这次，国王宣布，谁要是能解梦，就赏给他许多珠宝。

农夫又厚着脸皮来向婆罗门拉马·乔西讨教。品格高尚、博学多识的婆罗门不计前嫌，他对农夫说："你去告诉国王，这个梦是个好兆头，预示我们国家今后将会出现太平盛世。"

国王听罢农夫的解释，非常高兴，赏给了他许多宝石和金币。

这次，农夫终于悔悟了，他对自己的不诚实的行为感到十分惭愧。他以忏悔的心情，带着国王赏给他的所有金币和宝石来到婆罗门拉马·乔西的家里，要把这些东西全都送给他，想以实际行动痛改前非。

婆罗门却不肯接受。他说："第一次是虚伪、欺骗和不诚实的思想控制了你的灵魂；第二次是私心杂念占据了你的头脑；第三次你终于战胜了邪念。现在，你的内心已经充满了仁爱、感激和友好的情感。你不必再为过去的错误行为苦恼了，神明会宽恕你的。"

<u>虚伪、欺骗、自私、贪婪就像佛门所谓的"屠刀"，会把人引向歧途，但若能及早悔悟，也可以获得宽恕。佛说："放下屠刀，立地成佛。"只要勇于改正错误，任何时候都不算晚。怕就怕一错再错，永不回头。</u>

天生辽阔

旅人自大西北归来，摄回三大堆照片。

我拿起其中的一帧。古老的天地间，方方正正一座土砌的围墙。

"这是什么遗迹？"

"这是当地的民宅。"

民宅？只见围墙，房子在哪里？

旅人解释说，那围墙其实很高，只不过在蓝天底下看不出来。那房子很矮很小，只是从围墙一角的半高处斜出一片屋顶，垒起一截矮墙就是了。从这个角度拍过去，房子正好被围墙遮掩，严格讲那不是房子，那只是围墙的一部分。

他又特意让我看另一帧。男女老幼，均紫红脸膛，黑亮眼睛，围坐于一炕，那么紧，那么挤。他说，这就是那房子里面的景象了。

我心下奇怪，他们又不是在繁华都市，为争取几个平方米的住房面积煞费苦心。天地那么大，他们为何不将居室弄得稍稍地宽敞一些？

旅人说，他们稀罕什么宽敞！在走来走去都辽阔无边的地方，人和人紧挨在一起才是最好的，温暖、亲密、安全，不是吗？

看起来，我们是想用尽量大的空间来抵挡外面的拥挤，他们是想用尽量小的空间来隔绝外面的空旷。

生活在都市里的人们，往往觉得自己拥有的空间越来越小。他们是否意识到，其实处处都是辽阔的地方，只要敞开心怀，容纳别人也被人容纳，何处不是生活的空间！

色即是空

一日，有人拿了一件烟花女子佩带的精致小兜肚给东海寺的泽庵和尚看，意下想难他一难。

不料和尚破颜一笑，口里一边说："绣得多么好！老衲也喜欢有这等美人陪伴呢！"一边动笔写了一段偈语。

佛卖法、祖师卖佛、末世之僧卖祖师。

有女卖却四尺色身，消安了一切众生的烦恼。

色即是空、空即是色。柳绿花红，夜夜明月照清池，心不留亦影不留。

禅就是空虚。此空虚非彼空虚也。空即智慧，虚即虚怀。而学禅的目的本就是为清心寡欲、开发智慧、提升慈悲心的。若心不可静，纠缠于外物，以世俗的心态去面对事情，又何以修禅？故，心清万事静，心不留则影不留，一切皆"空"。

笑看成败得失

禅界里有这样一个故事：

一个和尚肩上挑着一根扁担信步而走，扁担上悬挂着一个盛满绿豆汤的瓷壶。他不慎失足跌了一跤，瓷壶掉落到地上摔得粉碎，这位和尚仍若无其事地继续往前走。

这时，有一个人急忙跑过来告诉他："你不知道瓷壶已经破了吗？"

"我知道。"老和尚不慌不忙地回答道。

"那么你怎么不转身，看看该怎么办？"

"它已经破碎了，汤也流光了，你说我还能怎么办？"

生命的整个过程总不会是一帆风顺，成与败、得与失，都是这过程的装饰。一路走来繁花锦簇也好，萧瑟凄凉也罢，终究会成为过眼云烟，重要的是自己心里的感受。

不要固执一端

佛印曾坐在船上与苏东坡把酒话禅，突然闻听："有人落水了！"

佛印马上跳入水中，把人救上岸来。被救的原来是一位少妇。

佛印问："你年纪轻轻，为什么寻短见呢？"

"我刚结婚三年,丈夫就遗弃了我,孩子也死了。你说我活着还有什么意思?"

佛印又问:"三年前你是怎么过的?"

少妇的眼睛一亮:"那时我无忧无虑、自由自在。"

"那时你有丈夫和孩子吗?"

"当然没有。"

"那你不过是被命运送回到了三年前。现在你又可以无忧无虑、自由自在了。"

少妇揉揉眼睛,恍然大悟。以后再也没有寻过短见。

佛家云:"苦海无边,回头是岸。"在很多时候,放弃是一种解脱,放弃是一种量力而行,明知得不到的东西,何必苦苦相求,明知做不到的事,何必硬撑着去做呢?

难得"放下"

有一个人出门办事,跋山涉水,非常辛苦。有一次他经过险峻的悬崖,一不小心,跌入深谷。眼看生命危在旦夕,他在下跌过程中双手在空中攀抓,刚好抓住悬崖壁上枯树的老枝,总算保住了性命。但是人悬荡在半空中,上下不得,进退维谷,不知如何是好。这时,他忽然看到慈悲的佛陀站在悬崖上,正慈祥地看着自己。

此人如见救星般赶快求佛陀:"佛陀!求您发发慈悲,救我吧!"

"我救你可以,但是你要听我的话,我才有办法救你上来。"佛陀慈祥地说。

"佛陀!到了这种地步,我怎敢不听您的话呢?随您说什么,我全都听您的。"

"好吧!那么请你把攀住树枝的手放下!"

此人一听,心想:"把手一放,势必掉进万丈深渊,跌得粉身碎

骨，哪里还保得住性命？"

因此他更是抓紧树枝不放。佛陀看到此人执迷不悟，只好离去。

"放下"是非常不容易做到的，有了权势，就对权势放不下；有了功名，就对功名放不下；有了金钱，就对金钱放不下；有了爱情，就对爱情放不下；有了事业，就对事业放不下。但是，有时"放下"才能让生活更好地继续。

背在肩上的篓子

有位中年人觉得自己的日子过得非常沉重，生活压力太大，想要寻求解脱的方法，因此去向一位禅师求教。

禅师给了他一个篓子要他背在肩上，指着前方一条坎坷的道路说："每当你向前走一步，就弯下腰来捡一粒石子放到篓子里，然后看看会有什么感受。"

中年人就照着禅师的指示去做，他背上的篓子装满石头后，禅师问他这一路走来有什么感受。他回答说："感到越走越沉重。"禅师于是说："每一个人来到这个世界上时，都背负着一个空篓子。我们每往前走一步就会从这个世界上捡一样东西放进去，因此才会有越走越累的感慨。"中年人又问："那么有什么方法可以减轻人生的重负呢？"禅师反问他说："你是否愿意将名声、财富、家庭、事业、朋友拿出来舍弃呢？"那人答不出来。禅师又说："每个人的篓子里所装的，都是自己从这个世上寻求来的东西，一旦拥有它，就对它负有责任。"

路是自己走的，我们拥有的都是我们想得到的东西。我们往往感觉到负担越来越大，这是因为我们得到的多，想得到的还有很多。既然是自己愿意得到，又不愿意失去的东西，就必须对已得到的东西负有责任感，只有这样，我们才能减轻沉重感。

来来往往若干船

《史记》中说："天下熙熙，皆为利来，天下攘攘，皆为利往。"很多年以后，乾隆皇帝下江南，看见运河上船来船往，人声鼎沸。感慨地问："来来往往这么多船，它们都在忙什么？"和珅伶牙俐齿答道："在奴才看来，这穿梭不息的运河里，无非只有两条船，一条是名，一条是利。"

对于常人争抢还唯恐不及的名利，佛陀却劝人"放下"。

佛陀在世时，有一位名叫黑指的婆罗门来到佛前，运用神通拿了两个三人多高的花瓶，前来献佛。

佛陀对婆罗门说："放下！"

婆罗门把他左手拿的那个花瓶放下。

佛陀又说："放下！"

婆罗门又把他右手拿的那个花瓶放下。

然而，佛陀还是对他说："放下！"

这时，黑指婆罗门说："我已经两手空空，没有什么可以再放下了，请问现在你要我放下什么？"

佛陀说："我并没有叫你放下你的花瓶，我要你放下的是你的六根、六尘和六识。当你把这些统统放下，再没有什么了，你将从生死桎梏中解脱出来。"

黑指婆罗门这才了解佛陀"放下"的道理。

功名利禄在人心上的压力，岂止是黑指婆罗门手上的花瓶？这些东西可以说是人生辛苦的源泉。听一听佛陀的开示"放下"，不失为一条通往幸福的道路！

谦让则有余

一个俗家人问一位僧人:"我家里有一口烧饭锅,平时煮饭,三人吃不够,千人吃则有余。你看这是怎么回事?"

僧人不知怎么回答才好。

云居道膺听了说:"争夺则不足,谦让则有余。"

佛家的道理总是浅显的。在愈发拥挤的世界上,如果每人多一颗谦让的心,少点争吵,少点指责,那么生活中就不会有那么多需要解决的争端,没有那么多堵塞的路口和争吵的司机,路也会变宽很多。

第二章
认识自我——领悟生命返璞归真的美妙

红尘万丈,尘世中的我们为钱、为权、为名、为利变得庸俗而世故,人性中的真善美也被各种利益关系所掩盖。所谓的友人大多成了事业上的合作伙伴,所谓亲人也总是摆脱不了各种利益上的往来……在各种应酬闲暇之余,应留给自己一些时间,向无限深处的地方重新发现一下自己内心的真实状态。

做那个别人无法替代的自己

南岳怀让禅师有一弟子名叫马祖。马祖在般若寺时整天盘腿静坐，苦思冥想，怀让禅师便问他："你这样盘腿而坐是为了什么？"

马祖答道："我想成佛。"

怀让禅师听完后，拿了一块砖，在马祖旁边的地上用力地磨。

马祖问："师父，你磨砖做什么？"

怀让禅师答道："我想把砖磨成镜子。"

马祖又问："砖怎么能磨成镜子呢？"

怀让说："砖既不能磨成镜子，那么你盘腿静坐又岂能成佛？"

马祖问道："要怎么才能成佛呢？"

怀让答道："就像牛拉车子，如果车子不动，你是打车还是打牛呢？"

马祖恍然大悟。

当砖不具有成镜的特性时，你永远都无法把它磨成镜子。相对于人而言，这种道理同样适用。你永远是你，我永远是我。即使再加以雕饰，刻意模仿都无法彼此替代。所以，你不必羡慕别人的优越之处，也不用诋毁别人的缺点。说不定你有比别人更优越的地方，只是你认识不到自己那光明的一面。也说不定你在诋毁别人缺点的时候，自己正犯着同样的错误，做着相同的傻事。只是你没认识到自己那黑暗的一面。

不断清扫心灵的尘埃

鼎州禅师与一位小沙弥在庭院里散步,突然刮起了一阵大风,从树上落下了好多树叶,鼎州禅师就弯下腰,将树叶一片片地捡了起来,放在口袋里。站在一旁的小沙弥忍不住劝说道:"师父!您老不要捡了,反正明天一大早,我们都会把它打扫干净的。您没必要这么辛苦的。"

鼎州禅师不以为然地说道:"话不是你这样讲的,打扫叶子,难道就一定能扫干净吗?而我多捡一片,就会使地上多一分干净啊!而且我也不觉得辛苦呀!"

小沙弥又说道:"师父,落叶这么多,您在前面捡,它后面又会落下来,那您要什么时候才能捡得完呢?"

鼎州禅师一边捡一边说道:"树叶不光是落在地面上,它也落在我们心里,我是在捡我心里的落叶,这终有捡完的时候。"

小沙弥听后,终于懂得禅者的生活是什么。之后,他更加精进修行。

<u>鼎州禅师与其说是捡落叶,不如说是捡去心中的妄想烦恼。大地山河有多少落叶且不必去管它,而人心里的落叶则是捡一片少一片。</u>

人生的锁链

一座泥像倚立在路边,看着过往的人群十分羡慕,觉得做一个活生生的人真好,他就向佛陀呼救:"佛陀,请让我变成人吧!"

"你要想变成人可以，但是你必须先跟我试走一下人生之路。假如你承受不了人生的痛苦，我马上就把你还原。"佛陀说完，手臂一挥，泥像真的就变成了一个活生生的青年。

于是，青年跟随佛陀来到悬崖边。只见两座悬崖遥遥相对，此崖为"生"，彼崖为"死"，中间由一条长长的铁索桥连接着。这座铁索桥又由一个个大小不一的铁环串联而成。

"现在，请你从此岸走向彼岸吧！"

青年战战兢兢地踩着一个个大小不同的铁链环边缘前行。然而，一不小心，便跌进了一个铁环之中，两腿顿时失去了支撑，胸口被铁链环卡得紧紧的几乎透不过气来。

青年大声呼救："好痛苦呀！快救命呀！"

"请君自救吧。在这条路上，能够救你的，只有你自己。"佛陀在前方微笑着说。

青年扭动身躯，拼死挣扎，好不容易才从痛苦之环中解脱出来。"你是个什么铁链环，为何卡得我如此痛苦？"青年愤然道。

"我是名利之环。"脚下的铁链环答道。

青年继续朝前走。忽然，隐约间，一个绝色美女朝青年嫣然一笑，青年飘然走神，脚下一滑，又跌入一个环中，被铁链环死死卡住。青年惊恐地再次呼救："救……救命啊！"

这时佛陀再次在前方出现，他微笑着缓缓说道："在这条路上，没有人可以救你，只有你自己自救。"

青年拼尽全力，总算从这个环中挣扎了出来，然而他已累得精疲力竭，便坐在两个铁链环间边休息边想："刚才这是个什么痛苦之环呢？"

"我是美色之环。"脚下的铁链环答道。

青年继续向前赶路。他接着又掉进了贪欲的铁链环、妒忌的铁链环、仇恨的铁链环……等他从这些个痛苦之环中挣扎出来，已经没有勇气再走下去了。

于是，佛陀就对他说："人生虽然有许多的痛苦，但也有战胜痛苦之后的轻松和欢乐，你难道真愿放弃人生吗？"佛陀问道。

"人生之路痛苦太多，欢乐和愉快太短暂太少了，我决定放弃人生，还是去做我的泥像吧！"青年毫不犹豫。

佛陀长袖一挥，青年又还原为一尊泥像。然而不久，泥像便被一场大雨冲成了一堆烂泥。

不经历风雨，怎能见彩虹？我们每个人活在世上，都要经历许多困苦的磨难。有的人在艰难面前做了强者，而有的人就只能甘做弱者。

凡人的禅心

有一位女施主，家境非常富裕，不论其财富、地位、能力、权力及漂亮的外表，都没有人能够比得上，但她却郁郁寡欢，连个谈心的人也没有。于是她就去请教无德禅师，如何才能具有魅力，以赢得别人的欢喜。

无德禅师告诉她道："你能随时随地和各种人合作，并具有和佛一样的慈悲胸怀，讲些禅话，听些禅音，做些禅事，用些禅心，那你就能成为有魅力的人。"

女施主听后，问道："禅话怎么讲呢？"

无德禅师道："禅话，就是说欢喜的话，说真实的话，说谦虚的话，说利人的话。"

女施主又问道："禅音怎么听呢？"

无德禅师道："禅音就是化一切声音为美妙的声音，把辱骂的声音转为慈悲的声音，把毁谤的声音转为帮助的声音，哭声闹声、粗鲁的声音、丑陋的声音，你都能不介意，那就是禅音了。"

女施主再问道："禅事怎么做呢？"

无德禅师道："禅事就是布施的事，慈善的事，服务的事。"

女施主更进一步问道："禅心是什么呢？"

无德禅师道："禅心就是你我一如的心，圣凡一致的心，包容一切的心，普度一切的心。"

女施主听后，一改从前的娇气，在人前不再夸耀自己的财富，不再自恃自己的美丽，对人总是谦恭有礼，对眷属尤能体恤关怀，不久就拥有了许多人的友谊。

<u>禅是一种道理，一种智慧，一种思维方式。现代这个快节奏的社会，更需要我们时常审视自己。</u>

介绍你去见一个人

一个老板把全部财产投资在古董生意中，由于被人欺骗，他只好宣告破产。

金钱的丧失，使老板大为沮丧。于是，他离开妻子儿女，成为一个流浪汉，他对于这些损失无法忘怀，而且越来越难过。到最后，他想要跳湖自杀。

幸亏被恰巧路过的洪德大师和弟子及时救起。

听完了这个人的故事后，洪德大师却对他说："我已经以极大的兴趣听完了你的故事，我希望我能对你有所帮助，但事实上，我却绝无能力帮助你。"

这个人的脸立刻变得苍白。他低下头，喃喃地说道："这下子完蛋了。"

洪德大师停了几秒钟，然后说道："虽然我没有办法帮助你，但我可以介绍你去见一个人，他可以协助你东山再起。"

刚说完这几句话，流浪汉立刻跳了起来，抓住洪德大师的手，说道："请带我去见这个人。"

于是洪德大师把这个人带到水边的堤坝上，用手指着水面中倒映出的这个流浪汉的影子说："我介绍的就是这个人。在这世界上，只有这个人能够使你东山再起。除非你坐下来，彻底认识这个人，否则，你只能跳到水里。因为在你对这个人作充分的认识之前，对于你自己或这个世界来说，你都将是个没有任何价值的废物。"

这个人蹲下身子，审视着水中的自己，用手摸摸长满胡须的脸庞，然后站起来，低下头，开始哭泣起来。

几天后，洪德大师再次碰见了这个人，几乎认不出来了。他的步伐轻快有力，头抬得高高的。他从头到脚打扮一新，看起来精神焕发的样子。

"那一天我离开湖边的时候，还只是一个流浪汉。我对着湖水找到了我的自信。我现在又走上成功之路了。我正要前去告诉您，将来有一天，我还要再去拜访您一次。我将给您重修禅房。因为是您让我认识了自己，幸好您要我站在水中的影子面前，把真正的我指给我看。"

<u>具有强烈自信心的人，是生活中的幸运者。他们充分相信自己，能够承受各种考验、挫折和失败，敢于去争取最后的胜利。这种自信心，使他们一辈子受益无穷。</u>

我很重要

第二次世界大战后，受经济危机的影响日本失业人数剧增，工厂效益也很不景气。一家濒临倒闭的食品公司为了起死回生，决定裁员三分

之一。有三种人名列其中：一种是清洁工，一种是司机，一种是无任何技术的仓管人员，三种人加起来有三十多名。经理找他们谈话，说明裁员的意图。清洁工说："我们很重要，如果没有我们打扫卫生，没有清洁优美、健康有序的工作环境，你们怎么会全身心地投入工作？"司机说："我们很重要，这么多产品没有司机怎能迅速销往市场？"仓管人员说："我们很重要，战争刚刚过去，许多人挣扎在饥饿线上，如果没有我们，产品岂不要被流浪街头的乞丐偷光？"经理觉得他们说的话都很有道理，权衡再三决定不裁员，重新制定了管理策略。最后经理令人在厂门口悬挂了一块大匾，上面写着："我很重要！"每当职工来上班，第一眼看到的是"我很重要"这四个字。

这句话调动了全体职工的积极性，几年后这家公司迅速崛起，成为日本有名的公司之一。

生命没有高低、贵贱之分，任何时候都不要看轻自己，在关键时刻，你敢说"我很重要"吗？试着说出来，你的人生也将由此掀开新的一页。

不要迷失自我

我们作为具有社会性的人，生活在这个相互联系紧密的世界上。我们时时刻刻都可能受到外界的影响，其中包括现实生活中的人，如师长、朋友等；也包括一些物质的东西，如书本等；同时由于传统文化的积淀，我们也会受到传统习俗、观念等的影响。

诚然，这些影响，有积极的作用，它们会对你有所启发，有所鼓励。但不可否认的是，这些影响，也可能成为束缚你手脚的东西，使你的个性受到同化，使你的个人形象向大众化发展。如果超过一定限度，便失去个性，以至于成为难以给人留下印象的人。

我们若要在人生舞台上不失败，取得更大成功的话，必须拥有自己的生活方式和思考方式。

别人的人生和自己的人生，自然不同。自己的人生，掌握在自己的手中。会是"成功传奇"还是"人生悲剧"，全在于自己怎样把握。所谓"真理唯有实践能证明"，若能专心致志于自己的生活，一定会有好的效果。

生活中的每一个人都不可避免地要和外界发生联系，并且受到外界环境的影响，这其中当然会有积极的效果产生，但如果一味地顺从经验，适应环境，则只会迷失自我，只有寻找自己的人生方式，才能活出自己的风采。

尊重自己的本性

文喜禅师去五台山朝拜。到达前，晚上在一茅屋里住宿，茅屋里住着一位老翁。文喜就问老翁："此间道场内容如何？"

老翁回答道："龙蛇混杂，凡圣交参。"

文喜接着问："住众多少？"

老翁回答："前三三、后三三。"

文喜第二天起来，茅屋不见了，只见文殊菩萨骑着狮子步入云中，文喜自悔有眼不识菩萨，空自错过。

文喜后来参访仰山禅师时开悟，安心住下来承担煮饭的工作。一天他从饭锅蒸汽上又见文殊现身，便举铲打去，还说："文殊自文殊，文喜自文喜，今日惑乱我不得了。"

文殊说偈云："苦瓜连根苦，甜瓜彻蒂甜，修行三大劫，却被这僧嫌。"

有时我们因总把眼光放在外界，追逐于自己所想的美好事物，常常忽视了自己的本性，在利欲的诱惑中迷失了自己。所以才终日心外求法，因此患得患失。如果能明白自己的本性，坚守自己的心灵领地，又何必自悔自恼呢？

诗人卞之琳写道："你站在桥上看风景，看风景的人在楼上看你。"大权在握的要员静下心来，有时会羡慕那些路灯下对弈的老百姓，可是平民百姓没有一个不期盼来日能出人头地的；拖家带口的人羡慕独身的自在洒脱，独身者却又对儿女绕膝的那种天伦之乐心向往之……

皇帝有皇帝的烦恼，乞儿有乞儿的欢乐。我们常常会羡慕和追求别人的美好，却忘了尊重自己的本性，稍一受外界的诱惑就可能随波逐流。事实上，每一个人都有自己独有的优点和潜力，只要你能认识到自己的这些优点，并使之充分发挥。

悟禅靠心

有一次，慧能禅师在别人家中借宿，中午休息的时候，忽然听见有人在念经。慧能倾身细听，感觉有些不对，于是起身来到那个念经的人身边说道："您常常诵读经文，是否了解其中的意思呢？"

那个人摇摇头说："有一些经文实在难懂！"

慧能就把那个人刚才诵读的部分为他做了详细的解释。他说："当我们在虚名浮誉的烟云中老去，满头白发的时候，我们想要什么？当生命的火焰即将熄灭，心跳与呼吸即将停止的时候，什么是我们最后的希望？当坟墓里的身体腐烂成尸骸，尘归尘，土归土，生命成为毫无知觉的虚空之后，我们在哪里？"

一时间，天清地明，那个人混沌顿开，似乎隐约能看见生命的曙光了。

那个人接着又问慧能佛经上几个字的解释，没想到的是，慧能竟然大笑着回答道："我不认识字，你就直接问我意思吧！"那个人听了他的话大吃一惊，说道："你连字都不认识，怎么能够了解意思呢？怎么能够理解佛理呢？"

慧能笑着说："骑马的时候，不一定必须要有缰绳，那是给那些初学者准备的，一旦入门，就可以摆脱缰绳，在想去的任何地方自由驰骋。"

禅的玄妙义理，和文字没有关系，文字只是工具，理解靠的是心，是悟性，而不是文字。

悟心悟性　改变命运

明代的时候，有一个叫袁了凡的人。

一天，他在慈云寺里遇上了一位姓孔的老人。老人长须飘然，仙风道骨。经过一番交流之后，袁了凡就把老者请到了自己家中，母亲说："好好接待孔先生，让他给你算一算命，看灵不灵。"结果，孔先生算他以前的事情丝毫不差。

孔先生告诉他："你明年去考秀才，要经过好几次考试。先要经过县考，县考时，你考中第十四名；县上面有府，府考时，你考中第七十一名；府上面有省，省考时，你考中第九名。"第二年，他去参加考试，果然没有错，孔先生都算准了。

于是，袁了凡又让孔先生为他推算终身的命运。孔先生告诉他："你某年应考第几名，某年可以廪生补缺，某年可以当贡生。当贡生后，某年又会去四川一个大县当县令，三年半后，便回到家乡。在53岁这一年的八月十日丑时，你将寿终正寝，可惜终身无子。"袁了凡将这一切都详详细细地记录下来，并且铭记在心。

令人称奇的是，以后每次考试的名次都与孔先生所算一致。

从此以后，袁了凡真的明白了，一个人一生的吉凶祸福、生老病死、贫富贵贱，都是上天安排好了的，不能强求。命里没有的，怎么动脑筋、怎么努力都得不到；命里有的，不用多想，也不用怎么努力，自然就会有。于是，他认命了，无求、无得、无失，心里真正地平静了下来。

袁了凡当了贡生以后，在北京住了一年，终日静坐，毫无想法，也不读书写字，真可谓心如止水。因为他知道了自己的命运，想也没用，所以，他什么都不想了。

己巳这一年，袁了凡回到南方，去朝廷所办的大学——南京的国子监游学。未入学之前，他到南京栖霞山拜访了著名的云谷禅师。他与云谷禅师在禅堂里对坐，三天三夜都没合眼，依然精神饱满。云谷禅师暗暗称奇，心想：如此年轻之人，怎么会有这么高深的定力呢？真是难得！难得！

于是，云谷禅师问道："凡夫之所以不能成为圣人，是因为心中有杂念和妄想。你坐在这里三天三夜，我没有看到你有一个妄念。这是什么原因呢？"

袁了凡回答道："因为我已经知道了自己的命运。20年前，有一位姓孔的先生早就算定了，我一生的吉凶祸福、生老病死都是注定的，还有什么好想的呢？想也没有用，所以干脆就不想了。"

云谷禅师笑了笑，说道："我还以为你是一位定力高深的豪杰，原来也只是一个凡夫俗子。"

袁了凡向云谷禅师请教："此话怎讲呢？"

云谷禅师说："人的命运为什么会被注定呢？这是因为人有心、有妄想。人如果没有了心、没有了妄想，命运就不会被注定。你三天三夜不合眼，我以为你抛开了妄想，没想到你仍有妄想，这妄想就是——你什么都不想了。"

袁了凡问道："既然如此，那么按照你的说法，难道命运可以改变吗？"

云谷禅师说道："儒家经典《诗经》和《尚书》里都说过这样一句话——命由我作，福自己求。这的确是至理名言。任何人的命运都是由自己的心性决定的，人的幸福也全看自己怎样去追求。佛家经典中也说：求富贵得富贵，求男女得男女，求长寿得长寿。妄语是佛家的根本大戒，佛难道还会妄语吗？难道还会欺骗你吗？"

袁了凡进一步向云谷禅师请教："孟子说：'有所求，然后才能有所得。'其意思的确是指求在自己。但是，孟子的话是针对一个人的道德修养而言，人的道德修养无疑可以通过自身的培养而获得，而功名富贵是身外之物，难道通过内在的修身养性也可以获得吗？"

云谷禅师说："孟子的话没有说错，是你自己理解错了。你理解对了一半，另一半你还不知道。其实，除道德修养可以通过内心求得之外，任何一切也都可以求得。你难道没有听过六祖说的这样一句话吗？'一切福田，不离方寸，从心而觅，感无不通。'意思就是说，任何成功和幸福都离不开人的方寸之心；一切追求最终是否成功，都取决于人的心。要追求一切，首先就必须从追求心灵开始。所以，孟子说的求在自己，不仅仅指道德修养，功名富贵也是如此。道德修养是内在自身的，功名富贵是外在的，但这两者的获得都应该从内心入手，而不要舍弃内心，盲目地在外面去追求。从内心入手，内外的追求都可以得到。如果不反躬内省，只一味地向外追逐，那么，尽管你拼命努力，用尽了许多方法和手段，但这一切都是外在的，内心没有觉悟，你就只能像没头苍蝇一样四处碰壁，最终毫无结果。所以，一个人从外面去追求功名富贵，往往会内外两者都失掉。"

袁了凡听完云谷禅师的话以后，豁然开朗。接着，云谷禅师又问道："孔先生算你终身命运如何？"袁了凡老老实实地全都告诉了他。

云谷禅师又问："你扪心自问一下，自己是否应该中举？是否应该生子？"

袁了凡认真地反省自己，想了很久，他说："不应该！"为什么呢？袁了凡认为科第中人都有福相，而自己福薄，所以不会中举。那么，袁了凡为什么福薄呢？因为他心性有问题：他急躁，肚量狭小，不能容人；他恃才傲物，常常用自己的才能和智慧去压别人，锋芒毕露，直来直去，任性纵情；他说话随便，不负责任。

为什么又不应该有儿子呢？

地不干净才会生长五谷杂粮；水太清了就没有鱼。袁了凡认为自己不应该有儿子一共有六个原因：

（1）他有洁癖，好整齐，一点脏东西都不能忍受，自然也就不能忍受孩子带给他的脏乱。

（2）和气养育万物，袁了凡却喜欢发怒，常常发脾气。看不惯的、看不顺眼的，他就不能容忍，要发作一通。

（3）养儿子要有爱心，但袁了凡却是一个刻薄的人。他爱惜自己的名节，不愿意帮助别人。

以上三点都是袁了凡心理上的原因，下面三条则是身体上的原因。

（1）他喜欢说话、喜欢批评别人、喜欢谈论是非，常常在言语上强出人头。话多伤气，气血会受到损伤。

（2）他喜欢喝酒，常常过量。嗜酒伤神，如此一来，对他的身体产生了较大的影响。

（3）他经常晚上不睡觉，彻夜长坐，而不知道保养身体。

除此之外，袁了凡身上还有许许多多毛病，这些毛病阻碍了他的发展。

听完袁了凡一番自我剖析的话之后，云谷禅师感到袁了凡是一个很坦诚的人，他对自己的缺点和毛病有所了解，是一个有自知之明的人。于是云谷禅师进一步对袁了凡说："岂止是求取功名需要从心做起？做任何事都应该从心做起。这个世界上的大富大贵者之所以大富大贵，是因为他们的心能够承受这种大富大贵；一些人之所以是中富阶层，也是因为他们的心只能承受这种财富；而一些人之所以饿死，就是因为他们自身存在着许许多多缺陷。我们这个世界上，每一个人的命运都是由其内心来决定的，上天何曾有半点意思？所以，世间凡人都以为是天意在安排自己的一切，其实不然，真正的原因是自己的所作所为，绝对不是天意。

"你今天既然知道了自己的毛病和缺陷，那么就可以将这些阻碍你发展的东西全部洗刷掉。一定要扩充自己的德性，一定要拓宽自己的肚量，一定要拥有爱心，一定要爱惜身体，总之，一定要彻底改变自己。'从前种种譬如昨日死，以后种种譬如今日生。'过去自己的一切就让它过去了，仿佛昨天已经死去一样，而今天的自己是一个洗心革面的新人。完全符合理性的精神，从而成为一个义理变通之人。"

云谷禅师告诉他说："孔先生说你不能登科，没有儿子，这是根据你的天性而算定的，这是天作之孽，完全可以通过内心的努力去改变它。"

云谷禅师告诉袁了凡："要想安身立命，首要的一点要做到无思无虑，不要被功利之心所束缚，不要整天沉迷在富贵与贫贱、长寿与短命的烦恼之中，要从这种烦恼之中超脱出来，抛弃一切妄想。如此一来，你的内心就会清净。内心清净，本真之心就会自然呈现，而智慧也就会从本真之心内源源不断地流出，这就叫水落石出。到了这一地步，自造先天之境，自己就可以改变自己的命运了。"

从此以后，袁了凡整日小心谨慎，不敢让自己的行为越雷池半步。他的心态开始发生了变化。以前，他放纵自己的个性，言行随随便便，过一天算一天。而现在，他时刻警觉，不断反省检点自己的行为，即使一个人独处的时候，也常常感觉有一种无形的力量在注视着自己；遇到有人憎恨诽谤他，他也能安然容忍，内心相当平静，不像从前那样心浮气躁，一点点委屈都受不了。

第二年，礼部进行科举考试。孔先生算他该考第三名，他却考了第一名，孔先生的卦终于不灵验了。而秋天的大考，他又考中了举人。孔先生算他命里不会中举，现在他居然考中了。他有了儿子，取名天启；他不仅考中了举人，而且还考取了进士；他"命里"本应去四川当县令，后来却在天津宝坻当了知县，最后官至尚宝司少卿；孔先生算他寿命只有53岁，他却一直活到74岁。

袁了凡的经历告诉我们一个改变命运的法则：从心开始。现实生活中许多人都在拼命地追求成功，却很少有人扪心自问，很少有人从内心审视自己。宋人罗大经有一首诗曰：

尽日寻春不见春，芒鞋（草鞋）踏遍陇头云。

归来笑拈梅花嗅，春在枝头已十分。

倘若内心澄净，一枝梅花春也浓；倘若内心出了问题，终日寻春也枉然。

山羊还是老虎

一个小和尚问枯木大师："师父，为什么人们常说'世界上最重要的事就是认识自己'呢？"

枯木大师回答道："因为一个人对自己的认识和人生的态度决定了他的前途。"看着小和尚似懂非懂的样子，他又讲了这样一个故事：

一只小老虎因母虎被杀而被一头山羊收养。几个月下来，小老虎喝母山羊的奶，跟小山羊玩，尽力去学做一只山羊。过了一阵子，事情一直不对劲，尽管这只老虎努力去学，它仍不能变成一只山羊。它的样子不像山羊，它的气味不像山羊，它无法发出山羊的声音。其他山羊开始怕它，因为它玩得太粗鲁，而且它的身体太大。这头孤儿老虎退缩了，它觉得被排斥，觉得自己不好，不知道自己错在哪里。

一天，传来一声巨响！山羊四散奔逃，只有小老虎坐在岩石上不动。

突然，一头庞大的野兽走进它所在的空地，身上的颜色是棕色，还有黑色条纹，它的眼睛炯炯如火。

"你在这羊群中做什么？"那个入侵者对小老虎说。

"我是一只山羊。"小老虎说。

"跟我来！"那头巨兽以一种权威的口吻说。

小老虎发抖地跟着巨兽走入丛林中。最后，它们来到一条大河边。巨兽低头喝水。

"过来喝水。"巨兽说。

小老虎也走到河边喝水，它在河中看到两头一样的动物，一头较小，但都有条纹。

"那是谁？"小老虎问。

"那是你——真正的你！"

"不，我是一只山羊！"小老虎抗议道。

突然，巨兽拱起身子来，发出一声巨吼，使整座丛林为之动摇不已，等声音停止后，一切都静悄悄的。

"现在，你也吼一下！"巨兽说。

最初很困难，小老虎张大嘴，但发出的声音像呜咽。

"再来！你可以办到！"巨兽说。

"现在，"那头大斑斓虎说，"你是一头老虎，不是一只山羊！"

小老虎开始了解它为何在跟山羊玩时感到不满意。接连三天，它在丛林中漫步。当它怀疑自己是老虎时，它会拱起身子来大吼一声，它的吼声虽不及那头大虎那么雄壮，但已够了！

<u>你的态度决定了你的前途，你想着自己是什么样的人，你就会成为什么样的人。</u>

焦尾琴

一段不起眼的枯木,被一个农夫随手扔进了火堆,打算用它来燃烧取暖。整整一个寒冷的冬天,已有无数的枯木就这样烧成了灰烬。

这天,一个精于制琴的大师从这儿经过,打算进屋来避一避雨。于是事情就有了意想不到的变化。

大师的耳朵肯定是异于常人的,正因为如此,在不绝如缕的风声和雨声中,大师才意外地听到了一种不同凡响的声音:那是一种被埋没和被俗世误解的绝望的呐喊和呻吟。大师侧耳倾听,他发现这声音正是那节刚被农夫投进火堆的枯木所发出来的。它是那样的绝望,又是那样的优美。

它因为优美而绝望,又因为绝望而优美。大师猛然冲上前去,不顾一切地从熊熊的火堆中将那节枯木抢救出来,并且把它制成一把琴。因为曾被烧过的缘故,那把琴的尾部色如焦炭,留下了曾经火海的伤痕。于是,大师便把它叫做焦尾琴——也许你已经知道,这把从火堆里被解救出来的琴,就是那把后来名震整个中国音乐史的精品。

<u>焦尾琴差一点和其他木头一样,成了燃烧取暖的工具,但它是幸运的,遇上了大师的赏识与扑救,成了极品。焦尾琴能从枯木中脱颖而出,要感谢大师的慧眼识珠,更重要的是它本身与众不同,是它那不同于一般柴火燃烧时的声音,拯救了自己。是金子总要发光,是千里马总会有伯乐发现。人人都是焦尾琴,只要守住自己的优势,发挥自己的优势,总会有所成就。</u>

时时勤拂拭

禅宗第五代祖师弘忍禅师宣布要传授衣钵，选出继承祖位的人，叫大家陈述心得。

这时，一位首席的上座师神秀，在走廊的墙壁上写了一首偈语，"身是菩提树，心如明镜台。时时勤拂拭，莫使惹尘埃。"一个糟厂舂米的苦工看了神秀偈语以后，也写了一首偈语："菩提本无树，明镜亦非台。本来无一物，何处惹尘埃！"后来这个苦工就继承了衣钵，他就是禅宗第六代祖师慧能。

当然，慧能禅师的境界非一般人所能企及，而神秀偈语"身是菩提树，心如明镜台。时时勤拂拭，莫使惹尘埃"是说：众生的身体就是一棵觉悟的智慧树，众生的心灵就像一座明亮的台镜。要时时不断地将它掸拂擦拭，不让它被尘垢污染障蔽了光明的本性。

或许此意对于我们凡夫俗子之辈更为合适。生活在熙熙攘攘、名来利往的现代社会中的我们，这个偈语实在是战胜自身烦恼、解除心灵痛苦、获得自我解脱的一剂良药。

"时时勤拂拭，莫使惹尘埃"，是一种积极的人生态度，是在对世界包括自我的本质有了充分把握之后的一种修为。

自己的行为自己决定

佛印和苏东坡到茶馆里喝茶。

侍者见佛印是一个出家人,就对他态度非常冷淡,而对苏东坡则十分热情。

苏东坡感到过意不去,几次提醒侍者对佛印客气些。但是侍者显然是一个非常势利的小人,依然对苏东坡明显更热情些。

苏东坡不高兴了。

结完了账,佛印掏出几文银子,递给侍者,并一再道谢,态度非常谦恭。

走出茶馆门口,苏东坡问佛印:"这家伙态度很差,是不是?"

佛印说:"他是一个势利的小人,他的行为真令人讨厌。"

苏东坡问:"那么你为什么对他还是那样客气,而且还赏钱给他呢?"

佛印答道:"为什么我要让他决定我的行为?"

"为什么要让他决定我的行为",多么耐人寻味的一句话!如果我们都学会这样想、这么做,生活中该减少多少无端的烦恼啊!

懂得说"不"

人各有志,各有优先要务。必要时,应该不卑不亢地拒绝别人,在急迫与重要之间知道取舍。

若要集中精力于当急的要务,就得排除次要事务的牵绊,此时需要

有说"不"的勇气。美国潜能大师史蒂芬·柯维在其《高效能人士的七个习惯》一书中指出了这一现象：

史蒂芬·柯维的妻子曾被选为社区计划委员会的主席，可是自己还有许多更重要的事，又不好意思拒绝，只好勉为其难地接受。后来她打电话给一位好友，问她是否愿意在委员会工作，对方却婉拒了，史蒂芬·柯维的妻子大失所望地说："我那时也能拒绝就好了。"

这不是说社区活动或社会服务不重要，而是每个人都有自己的当前要务，必要时应该学会说"不"。

史蒂芬·柯维在一所规模很大的大学任师生关系部主任时，曾聘用一位极有才华又独立自主的撰稿员。有一天，柯维有件急事想拜托他。

他说："你要我做什么都可以，不过请先了解目前的状况。"

他指着墙壁上的工作计划表，表上显示超过 20 个计划正在进行，而这些都是柯维和他早已谈好的。

然后他说："这件急事至少要占去几天时间，你希望我放下或取消哪个计划来空出时间？"

他的工作效率一流，这也是为什么一有急事柯维便会找上他的原因。但柯维无法要求他放下手边的工作，因为比较起来，正在进行的计划更为重要。结果，柯维只有另请高明了。柯维的训练课程十分强调分辨轻重缓急以及按部就班行事。

他常问受训人员：你的缺点在于：①无法辨别事情重要与否？②无力或不愿有条不紊地行事？③缺乏坚持以上原则的自制力？

答案多半是缺乏自制力，史蒂芬·柯维却不以为然。他认为，那是"确立目标"的功夫还不到家的缘故，而且不能由衷接受"事有轻重缓急"的观念，自然就容易半途而废。

这种人十分普遍。他们能够掌握重点，也有足够的自制力，却不是以原则为生活重心，又缺乏个人使命感。由于欠缺适当的指引，他们不知究竟所为何来。

树立至诚的信念与目标，在任何时候都敢于说"不"，目标与现实

的距离才会越来越小。

禅告诉我们,要坚守自己,在现实生活中,在适当的时候学会说"不",不但可以为自己减少不必要的麻烦,还会避免遭遇很多尴尬。如果在该拒绝的时候没有拒绝,那么就必须投入时间和精力努力去做,如果说了却没有做到,那对方一定会怀疑你的人格或者能力,所以说,当不适合你的事找上门来的时候,勇于说"不",才是最明智的做法。

发现你的个性

人一生下来就是独特的,与众不同的。所以你的个性是客观存在的,我们很难改变它,而最好是去发现它。

李小龙的武功十分了得。但是却很少有人知道,李小龙练武本来是有先天缺陷的。首先,他是近视眼,必须戴着隐形眼镜。

对此,李小龙坦诚地说:

"我从小就近视,所以我从咏春拳学起,因为它最适合做贴身格斗。"

其次,他的两脚不一样长,右脚比左脚短,但也正因为如此,他左脚专事远踢、高踢,如狂风扫叶;右脚专事短促的阻击性踢法或隐蔽性踢法,近身发腿如发炮。同时,两脚的不一致使他摆出的格斗姿势优美别致,独具特色,成为一种武功流派的典型。

"我接受我的缺陷,毫无怨言。"李小龙如是说。

当你觉得日子过得很累,工作干得很苦,那么,你就可能扮错了角色。当你不是你时,你就待错了地方,扮演了别人,这样的生活可能像是在地狱,如鸟在水里、鱼在天上。只有努力找出什么是自己,才知哪里是自己的天堂。

让鱼游泳,让鸟飞翔。了解自己最单纯的目的。当你做对了事,当你做着最适合你的事,当你的所作所为利己又利人而赢得人们尊敬时,幸福和成功就会携手而至。用一段空闲的时间，找一个安静的处所，认真地深刻地想一想自己的个性如何。

世界上没有两片完全相同的树叶，也没有两个完全相同的人，每个人都有他独特的个性及特点，发掘你的才干和天赋，认清你的缺陷和劣势，做自己想做的事，人生会因此而更加精彩。

张扬自我的风采

"模仿别人"无法开创属于自己的一片天地，唯有"肯定自己，扮演自己"，将自己拥有的特色发挥到淋漓尽致，生命自然获得满堂红。

在清代乾隆年间，有两个书法家，一个极认真地模仿古人，讲究每一笔每一画都要酷似某某，如某一横要像苏东坡的，某一捺要像李白的。练到了这一步，他颇为得意。另一个则正好相反，不仅苦苦地练，还要求每一笔每一画都不同于古人，讲究自然，直到练到了这一步，才觉得心里头踏实。

有一天，前者嘲讽后者，说："请问仁兄，您的字有哪一笔是古人的？"后者并不生气，而是笑眯眯地反问了一句："也请问仁兄一句，您的字，究竟哪一笔是您自己的？"前者听了，顿时张口结舌。

和尚参禅讲究"悟"，平常人做事也需要"悟"，悟出自己的特色。名家的书画之所以名贵，就是因为他们具有独一无二的特质，缺乏个性的艺术是没有生命力的艺术，人生也如此。每个人都有自己的特点，一味地模仿别人，便走入了死胡同，永远不会有自己的天地。

先改造自己

日本保险业泰斗原一平在27岁时进入日本明治保险公司开始推销生涯。当时，他穷得连午饭都吃不起，并露宿公园。

有一天，他向一位老和尚推销保险，等他详细地说明之后，老和尚平静地说："听完你的介绍之后，丝毫引不起我投保的意愿。"

老和尚注视原一平良久，接着又说："人与人之间，像这样相对而坐的时候，一定要具备一种强烈吸引对方的魅力，如果你做不到这一点，将来就没什么前途可言了。"

原一平哑口无言，冷汗直流。

老和尚又说："年轻人，先努力改造自己吧！"

"改造自己？"

"是的，要改造自己首先必须认识自己，你知不知道自己是一个什么样的人呢？"

老和尚又说："你在替别人考虑保险之前，必须先考虑自己，认识自己。"

"考虑自己？认识自己？"

"是的！坦诚地面对自己，毫无保留地彻底反省，然后才能认识自己。"

从此，原一平开始努力认识自己，改善自己，大彻大悟，终于成为一代推销大师。

自己具有魅力，才能吸引对方。所以，和别人成功合作的基本前提是努力改造自己。

行住坐卧都是道

有两位僧人过河，见一少妇在岸边因无法过河很是着急。师弟见少妇为难，于是将少妇背过河去。后来二僧回到寺中，他的师兄在晚上睡觉时对他说："师弟，你今天背少妇过河，可是犯了大戒啊！你还不知犯戒，倒睡得很安稳，我可是一直都在为你担忧哩！"师弟听了后说："我背少妇过河，只不过背一下子，过河之后就放下了，你怎么还背在身上呢？再说，我背少妇过河，是出自菩提心悲悯其难，而行布施，心无邪念，不加分别，不取不舍，虽然接近了女色，但我心中清清亮亮、净净白白。你没有背少妇，但想这想那，所以心中反而不得清净、不得安稳。"

师兄听了师弟的话后，这才明白自己的功夫远不如师弟，天天都把"戒"字挂在嘴里，事到临头却戒而不戒。

中国佛教，尤其是律宗一派，特别注意戒律，戒条竟有上百种之多，信徒们必须小心翼翼，稍有疏忽就有可能犯戒而受到惩罚。但是禅宗对戒律就不那么看重。禅宗二祖慧可，"或入诸酒肆，或过于屠门，或习街谈，或随厮役"。有人问慧可："您是位出家人，何故如此？"慧可理直气壮地说："我自调心，何关你事？"

至六祖慧能时，禅宗分为南北二禅。慧能之前，禅宗修行者多讲究坐卧壁观之法，都以静坐苦熬为修行之法，无不长夜静坐。唯独慧能一反传统的坐禅方式，大胆提出"禅非坐卧"的观点。他认为"行、住、坐、卧"，都可以达到修行的目的，不必拘于形式，何必非要坐卧壁观不可呢？

只要会道，行住坐卧都是道，关键不是坐卧本身的形式，而是看自性之悟与不悟的内容。

与其执著拜倒不如大胆超越

有一个诗人跪在一尊高大的雕像前,虔诚地拜着。他面露忧郁,显得无精打采。这时,一位云游四方的和尚来到他身旁。诗人来不及站起身,激动地问:"今有一事求教,请指点迷津。伟人何以成为伟人?比如说,像这尊雕像。"

和尚从容地说:"伟人之所以伟大,是因为我们跪着。"

"什么?因为我们跪着?"

"是,站起来吧,你也可以成为伟人。"和尚打了一个站立的手势。

"真的?"

"真的,与其执著拜倒,不如大胆超越。"

<u>在现实中,无破则不立。倘若盲目崇拜,到头来只会让自己迷失方向。但破有破的基础,立有立的规矩,只有在充分认识自己的基础上,并能保持清醒头脑的人,才能在坚守自我的前提下,打破陈规陋俗的束缚,最终成为他人膜拜的楷模。</u>

老与小的定位

有位信徒到寺院拜访一位年轻的住持。两人交谈时,住持对身旁的老和尚说:"去,倒杯茶请客人喝。"一会儿,住持又招手说:"再去切一盘水果。"老和尚一一遵从年轻住持的指使。

信徒心想,这个年轻的住持法师,怎么可以对老和尚如此不恭敬,使唤他倒茶、切水果,实在是没道理。

过了一会儿，住持对老和尚说："我现在有事必须出门，你带这位信徒到餐厅用饭。"

住持走了以后，信徒按捺不住心中的不满，向老和尚问道："这个住持是你的什么人？"

老和尚回答："他是我的徒弟。"

信徒听了更加生气："他既然是你的弟子，怎么可以对你讲话这么没有礼貌？还叫你去倒茶、切水果。"

老和尚听了哈哈大笑："噢！你错怪他了。我的徒弟对我很恭敬，对我很照顾。你看他只叫我倒茶，没让我去烧水；只叫我切水果，并没有要我种水果。我的徒弟处处体谅我年老没有气力，没有要求我负担太多的工作。"

信徒听完老和尚的一番话，还是不解地再问道："究竟是师父大，还是徒弟大？"

老和尚正色答道："佛门中不论大小的差别，他年轻可以担起住持的重任，我年老了就做一点小事，何必去计较谁大谁小呢？"

我们在家庭、工作中，假如有老和尚这样的雅量，这样开阔的胸襟，上司部属、父子婆媳，不去计较一定要对方恭敬顺从，换一个角度，用关怀的心，服务别人的观念，彼此就能水乳交融，就如同《阿弥陀经》中"诸上善人俱会一处"，彼此成就眼前清净光明的心灵净土。

捕鱼人的嗅觉

某日，一群捕鱼人在卖完鱼之后，天色已晚，错过了住旅店的时间，便就近投宿一间花店过夜。开着各色绚烂花卉的花店，弥漫着馥郁的香味，到了夜里，这群渔人个个辗转反侧，难以成眠。

众人都不明白是何原因，使他们无法入睡？其中一个人思忖着，大

概是花的香味太浓,所以才睡不着。他把装鱼的鱼篓、鱼篮等器具,拿来放在床头,大伙闻到了鱼腥臭味,便很快地酣然沉睡。

一个人的习性,常不知不觉地在改变个人的命运。所谓"近朱者赤,近墨者黑",平时内心的善念恶念,往来的君子小人,行止的合法非法,语言的软硬粗恶,都在无形之中影响我们外在身相的美丑,人缘的好坏,品格的洁秽。

如《菜根谭》中所说,为恶之人,"如磨石之石,不见其损,但日有所减"。为善之人,"如入幽兰之室,不见其增,但日有所香"。

一个人如若不常自我检视心念习性,亦如卖鱼者,渐渐习于腥味,入馨香之室,反倒无法适应。

《增一阿含·放牛品》中说:"莫与恶知识,与愚共从事,当与善知识,智者而交通。若人本无恶,亲近于恶人,后必成恶因,恶名遍天下。"

人心如一匹纯白的玉帛,染上香花的清香或是臭鱼的腥秽,全在于我们日常生活中,是和善法还是恶法为伴,交往的是愚痴之人还是智慧之士。

驯服与控制

在《小王子》一书里面,有这样一个小故事:

小王子跟狐狸在一起。狐狸说:"我不能跟你玩,我还没有被驯服。"

"喔!请原谅,"小王子想了一下之后说:"'驯服'是什么意思?"

"那是一种常常被忽视的行为。"狐狸说,"它意味着建立起连结关系。"

"建立起连结关系?"

"是这样的,"狐狸说,"对我而言,你只不过是一个小男孩,就好像其他千千万万的小男孩一样,我并不需要你。对你而言,我只不过是一只狐狸,就好像其他千千万万只狐狸一样,你也不需要我。但是如果你驯服我,我们将会互相需要,对我而言,你将是世界上独一无二的;对你而言,我也将是世界上独一无二的……"

"我开始了解了。"小王子说。

狐狸教给小王子的,就是生命世界里的互相控制之道。

单独的生命会很孤独而且恐慌,于是他想到了控制和操纵别人,或者被控制和操纵。这就是驯服和被驯服的办法。在这里,连结是相互的、双向的。因为驯服者其实也被缚结在这重关系里面了。所以,我们每一个人,都很想自己控制全局,要别人听我的。然后,互相冲突和争斗,引发无穷的烦恼。这正是不尊重自己的佛性、觉性,欺负别人和操纵别人。操纵是一种很不好的习惯,想操纵别人的人就是操纵自己的人。

佛祖释迦牟尼非常尊重生命,完全不操控他人,只是温和地引导着众生,在最恰当的时机给予其最需要的指导。

不能自欺欺人

从前有个老和尚总是自高自大,喜欢吹嘘自己得道高深,禅功了得。其实他大腹便便却是腹内草莽,没有什么真才实学,为此还闹出了不少笑话。

他为了让众人相信自己,还特地找了两名能说会道的侍僧,以此来显示他的禅功。有人来问禅,他就让侍僧来替他作答,而他自己却正襟危坐,一言不发,看起来好像高深莫测。众人也都没发现什么,反倒以为这和尚真是得道高僧,连弟子都这么厉害,于是争相传颂。和尚得知后，更加洋洋自得，**飘飘然**起来。

这天，来了一位**游僧**向他问禅，可他的侍僧正好外出有事。这回老和尚可是心急如焚，但也只能硬着头皮听别人问话。

游僧问："什么是佛？"老和尚回答不上来，只好东张西望。此时他多么希望弟子在身边呀！

没想到游僧看到他的样子，却朝他点了点头，后又接着问："什么是法？"

什么是佛都不知道，还提什么法呀？老和尚依然回答不出来，只好装模作样看看屋顶，然后又看看地下。

这些令游僧有些吃惊，于是接着又问："什么是僧？"至此，老和尚再也没有别的花招，只好闭上了眼睛。

最后，游僧又问："什么是福？"

呜呼！老和尚无可奈何，只好举起双手，意思是你饶了我吧，我已经走投无路了。没想到游僧看到他这样做显得更为震惊，并且佩服得五体投地，辞别"大师"，重新上路。

刚出门不远，正好碰上了老和尚的两位弟子回来了。游僧便谈起了他们的师父，赞不绝口："我问他什么是佛，他马上东看看，西望望，表示众生到处求佛，不知佛在东方，还是在西方。接着我又问他什么是法，他以俯仰作答，表示法是平等，没有上下。当我问他什么是僧时，他却只是闭上眼睛，一言不发，这就是说：闭目深山处，始知是高僧。最后我才问他什么是福，他却伸开了双手举过了头顶，以示他施法普度众生。他可真是一位大悟的禅师！他的禅道我自愧弗如啊！"

侍僧听后心中不禁暗笑，老和尚就这样蒙混过关了。

<u>认认真真做事，踏踏实实做人。凡事不要不懂装懂，自欺欺人。虽然能蒙得了一时，但却蒙不了一世，总有一天会露出马脚。</u>

着急的年轻人

有个年轻人非常急躁，做什么事都安不下心来。有一次，他与情人约会，由于他来得早，而性子又急，在树下坐立不安，转来转去。

这时候，一位白眉垂肩的老禅师来到他身边，飘飘然很是有些仙风道骨。禅师拿出一枚纽扣对年轻人说："你要是不想等待，只消将纽扣向右一转，你就能跳过时间，要多远有多远。"

年轻人想我该不会真遇到罗汉大仙了吧？他试着将纽扣一转，情人出现了，正向他递送秋波。他心里想要是现在能举行婚礼，那就更好了。他又转了一下：隆重的婚礼，丰盛的酒席，他和情人并肩而坐，周围管乐齐鸣，悠扬醉人。他抬起头，盯着妻子的双眸，又想现在要是只有我俩该有多好。他悄悄地转动了一下纽扣：立刻夜阑人静……

年轻人飞速地转动纽扣，他有了儿子，后来又有了孙子，转眼间已是儿孙满堂。然后又四处为官，到处受人吹拍，年轻人真是喜上心来！

纽扣转到最后，年轻人已是老态龙钟，衰卧病榻，几个不孝儿孙把家产挥霍一空，还狠心地把他扔到荒郊野外。

年轻人看得头皮发麻，心底直冒冷汗。"怎么样？"老禅师问，"年轻人，你还想不想让时间再快些？""我都快死了，还快啥呢！"年轻人像泄了气的皮球。

正当年轻人万念俱灰的时候，禅师收回了纽扣，于是年轻人又回到了那棵生机勃勃的树下，继续等待着他可爱的情人。这个时候，年轻人觉得沐浴在温暖的阳光下，听着鸟鸣，看着草间蝴蝶在飞舞，等着自己的情人，是多么幸福的一件事啊！

一场虚惊使这个急躁的年轻人明白了这样的道理：一味追求结果，忽视过程的人，怎么会领略到等待的那种复杂但甜美的滋味呢！

万事俱备，只欠东风。但东风并不是每天都会来的，也不会事先与你预约。在东风来临之前，你能做的就只能是稍安勿躁、耐心等待。

但是，等待并不是一件容易的事情，急功近利者不会等待，往往慌不择路，落得一败涂地；狭隘自私者不善等待，常常锱铢必较，因而失去了许多机遇。

山高怎阻野云飞

在中国古代，禅宗下山的规矩是：修行的僧人想要下山，就必须得到禅师们的批准。

有一个僧人在乐普山的元安禅师那儿修行多年，自觉火候已到，该下山云游四方了，就到元安禅师那儿辞行。

元安禅师想考考他，就笑着对他说："山外还有山，四处都是山，你凭什么下山呢？"

元安实际上是说你下山会遭遇重重困难，你有克服它们的信心和勇气吗？

可惜僧人不能领悟师父话里的玄机，以为师父拒绝了他的请求，只好转身闷闷不乐地离去了。

他的一个师弟看他一脸苦瓜相，问他怎么回事，他就把师父的话一五一十告诉了他的师弟。

师弟听了呵呵一笑，说："师兄，师父是在考你呢。你应该这样回答啊：竹密岂妨流水过，山高怎阻野云飞！"

意思就是只要有决心毅力，任何高山都无法阻挡我前进。

僧人听了大喜，马上回去对元安禅师说道："竹密岂妨流水过，山高怎阻野云飞。"

禅师听了大吃一惊，仔细追问之下，才得知事情的始末。禅师生气地说:"你的师弟修行比你还高,都没提出下山。你还是待在山上多学点吧。"

僧人非常惭愧,从此专心修行再也不敢提下山的事了。

"满招损,谦受益",为人要对自己有充分和正确的认识。学无止境,厚积薄发,耐住寂寞和浮躁的心情,潜心修行之后,成功便水到渠成了。正所谓:竹密岂妨流水过,山高怎阻野云飞。

假人

周穆王出巡回来的路上,匠人偃师向他献技。穆王接见了他,问:"你有什么本领?"偃师说:"我一切都听从您的。不过我已经造好了一件东西希望大王您先看看。"穆王说:"过几天你带来,我和你一同观赏。"过了几天,偃师请求拜见穆王,穆王接见他,说:"和您一起来的是什么人呢?"偃师回答说:"那是我制造的能歌善舞的假人。"穆王吃惊地审视了一番,假人快走、慢走、低头、仰头,完全像个真人。巧妙之处还在于掀动它的下巴,它便会歌唱而且合乎乐律;抬起两手,它便跳舞而应乎节拍。千变万化,你想怎么样,它总是随着你的意思行动。穆王认为那完全是个真人,便和姬妾一同观看。

演出即将结束时,假人眨眨眼睛勾引穆王左右的美人姬妾。穆王非常生气,要杀掉偃师。偃师非常害怕,立刻拆散假人给穆王看,原来都是用皮革、木料、胶泥、油漆、黑灰、丹粉、石青等材料拼凑而成的。穆王仔细地检查,体内的肝、胆、心、肺、脾、肾、肠、胃,外部的筋骨、肢节、皮毛、齿发都是假的,但是样样都完备。再次合并装配起来,同最初一样。穆王试着摘取掉他的心脏,口便不能说话;摘取掉他的肝脏,他眼睛便不能看东西;摘取掉他的肾脏,他脚便不能行走。穆王这才高兴起来,感叹地说:"人的技巧竟可以和自然界的造化有同样的功效吗?"

鲁班制造云梯,墨翟制造飞鸢,他们都认为自己的技艺达到了顶点。二人的弟子听说偃师技艺之精湛,便告诉了各自的师傅。鲁班、墨翟二人从此再不敢炫耀自己的技艺,只好老老实实地拿着规、矩从头开始学习。

工匠所做的假人居然可以具备真人所有的特点,甚至包括人性的弱点。工匠的技艺可见一斑。而另两位工匠则不然,他们自以为技艺过人,自大自满。正因为他们站在自己的成就上,所以看不到走在前面的人,也看不到在后面追赶的人。

在荣誉、成就、桂冠面前,究竟有多少人可以看到真正的自己呢?面对金光闪闪的自己,有多少人可以看到光环下那个普通的自己呢?每个人都有虚荣心,都喜欢听到别人的肯定与表扬。能够保持自己的本色,在任何情况下都坚持自己的原则,至少是在心理上坚持原则,恐怕不是一件容易的事。可见,能够正视自己是一件非常不容易的事。

高与低

狐丘丈人对孙叔敖说:"人常常有三件招来怨恨的事,您知道吗?"

孙叔敖说:"是什么呢?"

狐丘丈人回答说:"爵位高的,别人会嫉妒;官职大的,君主会厌恶;俸禄厚的,怨恨也会随之而来。"

孙叔敖说:"我的爵位越高,我的态度就越谦卑;我的官职越大,我的心里就越谨慎;我的俸禄越厚,我的施舍也会越广泛。凭借这些来避免三种怨恨,可以吗?"

福兮祸之所倚,祸兮福之所伏。祸福可相互转换。如果人的态度和方式转换,则福可变祸,祸亦可成福。

第三章
迁善去恶——慈悲与智慧的化身

佛家弟子常念"我佛慈悲",常怀悲悯之心则恶念不生,人便活得踏实、平和。慈悲之情是温暖人间的薪火,是人类共同传承的良知。如果世界上没有了悲悯之情,人与人之间将变得冷酷无情,生活将充满磨难。常怀悲悯之情,可以使人们在关心他人、帮助他人中精神得到净化,灵魂得到升华。

佛性就像一盏灯

漆黑的夜晚,一个远行寻佛的苦行僧到了一个荒僻的村落中,漆黑的街道上,村民们你来我往。

苦行僧走进一条小巷,他看见有一团晕黄的灯从静静的巷道深处照过来。一位村民说:"瞎子过来了。"

瞎子?苦行僧愣了,他问身旁的一位村民:"那挑着灯笼的人真是瞎子吗?"

他得到的答案是肯定的。

苦行僧百思不得其解。一个双目失明的人,他根本就没有白天和黑夜的概念,他看不到高山流水,也看不到桃红柳绿的世界万物,他甚至不知道灯光是什么样子的,那他挑一盏灯笼岂不可笑吗?

那灯笼渐渐近了,晕黄的灯光渐渐从深巷游移到了僧人的鞋上。百思不得其解的僧人问:"敢问施主真的是一位盲者吗?"

那挑灯笼的盲人告诉他:"是的,自从踏进这个世界,我就一直双眼混沌。"

僧人问:"既然你什么也看不见,那为何挑一盏灯笼呢?"

盲者说:"现在是黑夜嘛,我听说在黑夜里没有灯光的映照,满世界的人都和我一样什么也看不见,所以我就点燃了一盏灯笼。"

僧人若有所悟地说:"原来您是为了给别人照明?"

但那盲人却说:"不,我是为自己!"

"为你自己?"僧人又愣了。

盲人缓缓对僧人说:"你是否因为夜色漆黑而被其他行人碰撞过?"

僧人说:"是的,就在刚才,我还不留心被两个人碰了一下。"

盲人听了，平静地说："但我却没有。虽说我是盲人，我什么也看不见，但我挑了这盏灯笼，既为别人照亮了路，也更让别人看到了我。这样，他们就不会因为看不见而碰撞我了。"

苦行僧听了，顿有所悟。他仰天长叹说："我天涯海角奔波着找佛，没有想到佛就在我的身边。原来佛性就像一盏灯，只要我点燃了它，即使我看不见佛，佛也会看得到我。"

在一般人看来，盲人点灯是一种愚蠢、可笑的行为，但智者却偏偏是那个点灯的"盲人"。在漆黑的夜晚点一盏灯，不仅是为照亮别人，更是为照亮自己。别人因为黑暗而无法看清你的存在，所以，撞了你。但当你点一盏灯时，你的善行因为照亮了自己，所以别人便不会再撞到你。这就是我们所说的助人者善自助。

爱这世间一切生命

一座山上住着一位很有智慧的和尚，山下的村民有什么疑难问题，都上山来向他请教。

村民们说没有任何事情能难住老人家。

有一个聪明又调皮的孩子想故意为难那位和尚，他捉住了一只小鸟，握在手中，跑去问和尚："大和尚，听说您是最有智慧的人，但我却不相信。假如您能猜出我手中的鸟是活的还是死的，我就相信了。"

和尚注视着小孩子狡黠的眼睛，心中有数。假如自己回答小鸟是活的，小孩会暗中加劲把小鸟掐死；假如回答小鸟是死的，小孩定会张开手让小鸟飞走。

和尚于是拍拍小孩的肩膀说："这只小鸟的死活，就全看你的了。"

看看这个孩子吧，一个小孩就可以决定一只小鸟的生死。人类是否可以重新审视一下自己的天性和良知？人类为了自己的生存，遵循物竞天择、弱肉强食的生存规则是无可厚非的，否则，我们就只能自取灭亡。但我们绝不能依仗自己的智慧任意将其他的生命握在手中，用我们的意志去决定它们的生死。因为那是一种罪，一种恶，而且是大恶。

勿以恶小而为之

白居易为官时曾去拜访鸟窠道林禅师，他看见禅师端坐在鹊巢边，于是说："禅师住在树上，太危险了！"

禅师回答说："太守，你的处境才非常危险！"

白居易听了不以为然地说："下官是当朝重要官员，有什么危险呢？"

禅师说："薪火相交，纵性不停，怎能说不危险呢？"意思是说官场浮沉，钩心斗角，危险就在眼前。

白居易似乎有些领悟，转个话题又问道："如何是佛法大意？"

禅师回答道："诸恶莫做，众善奉行。"

白居易听了，以为禅师会开示自己深奥的道理，没想到只是如此平常的话，便失望地说：

"这是三岁孩儿也知道的道理呀！"

禅师说："三岁孩儿虽会说，八十老翁却不会做。"

白居易被禅师一语惊醒。

"勿以善小而不为，勿以恶小而为之。"谁都知道这个道理，但能够做到的人却很少。

佛说:"愚昧之人,其实亦知善业与恶业之分别,但时时以为是小恶,做之无害,却不知时时做之,积久亦成大恶。犹水之一小滴,滴入瓶中,久之,瓶亦因此一滴一滴之水而满。故虽小恶,亦不可做之,做之,则有恶满之日。"

佛的慈悲心

从前,有师徒二人云游四方。老和尚拿着一根锡杖,他让小和尚也拿着一根锡杖。小和尚很纳闷:师父为什么要让我拿根棍子呢?

一天,师徒二人走上了一条崎岖不平的山路。老和尚走在前面,他每走一步,都要先把锡杖在脚前面点一下。小和尚看了,更觉得奇怪,就疑惑地问:"师父,我们云游时为什么要拿锡杖?"老和尚说:"我们拿锡杖的目的是警告脚下的虫子快逃,以免把它们踩死在自己脚下。这就是佛的慈悲心。"

虽然现代人智慧大开,但是有些人慈悲心却未见增长。有些人对智慧低的动物,往往都以是否对自己有益为标准。凡于己有益者,就供己使用;凡于己无益者,则毫不在意地加以驱除杀戮。今天,人类努力开发自然,同时也使许多种类的动物濒临灭绝或已经永远消失了。

天使的翅膀

很久以前,有一个小男孩,他非常自卑,因为他的背上有两道非常明显的疤痕。这两道疤痕,就像是两道暗红色的裂痕,从他的颈部一直延伸到腰部,上面布满了鲜红扭曲的肌肉。所以这个小男孩非常讨厌自己,非常害怕换衣服,尤其是体育课。

可是,时间久了,他背上的疤还是被其他小朋友发现了,"好可怕喔!""怪物!""不跟你玩了!""你是怪物!""你的背上好恐怖……"天真的小朋友们无心的话往往最伤人,小男孩哭着跑出教室。从此以后,他再也不敢在教室里换衣服,再也不上体育课了。

这件事发生以后,小男孩的妈妈牵着他的手,去找班主任老师。小男孩的班主任老师是一个40多岁、很慈祥的女教师,她仔细地听了妈妈讲述小男孩的故事。"这小孩在刚出生的时候,就生了重病,当时本来想放弃的,可是,又不忍心,一个这么可爱的生命好不容易诞生了,怎么可以轻易地结束呢?"

妈妈说着说着,眼睛就红了,"所以我跟我老公决定把小孩给救活。幸好当时有位很高明的大夫,愿意尝试用动手术的方式挽救这条小生命,经过了几次的手术好不容易他的命留下来了,可是他的背部,也留下了这两条清晰的疤痕……"

妈妈转头吩咐小男孩:"来,把背部掀给老师看……"

小男孩迟疑了一下,还是脱下了上衣,让老师看清楚这两道恐怖的痕迹,也曾是他与死神搏斗的证明。老师惊异地看着这两道疤,心疼地问:

"还会痛吗?"

小男孩摇摇头,"不会了……"

妈妈双眼泛红,"这个孩子真的很乖,上天对他已经很残酷了,现在又给他这两道疤,老师,请您多照顾他点,好不好?"

老师点点头,轻轻摸着小男孩的头,"我知道,我一定会想办法的。"此时老师心里不断地思考,要使小朋友不再取笑小男孩,只能治标,不能治本,小男孩一定还会继续自卑下去的……一定要想个好办法。

突然,她灵光一闪,摸了摸小男孩的头,对他说:"明天的体育课,你一定要跟大家一起换衣服喔。"

"可是……他们又会笑我……说……说我是怪物……"

小男孩眼睛里晶莹的泪水滚来滚去。

"放心,老师有法子,没有人会笑你。"

"真的?"

"真的!相不相信老师?"

"……相信……"

"那钩钩手。"老师伸出了小拇指,小男孩也毫不犹豫地伸出他小小的右手。

"我相信老师……"

第二天的体育课很快就到了,小男孩怯生生地躲在角落里,脱下了他的上衣,果然不出所料,所有的小朋友又发出了惊异和厌恶的声音。

"好恶心喔……"

"他的背上长了两只大虫……"

"好可怕,恶心……"

小男孩双眼睁得大大的,眼泪已经不听话地流了下来。

"我……我才不……不恶心……"

这时候,教室门却突然被打开,老师出现了。

几个同学马上跑到老师面前说:

"老师你看他的背好可怕，好像两只特大的虫子。"

老师没有说话，只是慢慢地走向小男孩，然后露出诧异的表情。

"这不是虫子喔。"老师眯着眼睛，很专注地看着小男孩的背部。

"老师以前听过一个故事，大家想不想听？"

小朋友最爱听故事了，连忙围了过来。"要听！老师我要听！"

老师指着小男孩背上那两条显眼的深红疤痕，说道："这是一个传说，每个小朋友都是天上的天使变成的，有的天使变成小孩的时候很快就把他们美丽的翅膀蜕下来了，有的小天使动作比较慢，来不及蜕下他们的翅膀。这时候，就会在背上留下这样两道痕迹。"

"哇！"小朋友发出惊叹的声音，"那这是天使的翅膀？"

"对啊，"老师露出神秘的微笑，"大家要不要检查一下对方，还有没有人的翅膀像他一样，没有完全掉下来的？"

所有小朋友听老师这样说，马上七手八脚地检查对方的背，可是，没有人像小男孩一样，有这么清晰的疤痕。

"老师，我这里有一点点伤痕，是不是？"一个戴眼镜的小孩兴奋地举手。

"老师，他才不是，我这里也有红红的，我才是天使……"

突然，一个小女孩轻轻地说："老师，我们可不可以摸摸小天使的翅膀？"

"这要问小天使肯不肯。"老师微笑着向小男孩眨眨眼睛。

小男孩鼓起勇气，羞怯地说："……好。"

女孩轻轻地摸了他背上的伤痕，高兴地叫了起来："哇，好软，我摸到天使的翅膀了！"

女孩这么一喊，所有的小朋友像发疯似的，每个人都大喊："我也要摸！""我也要摸天使的翅膀！"

一节体育课，一幅奇特的景象，教室里几十个小朋友排成长长的一排队伍，等着摸小男孩的背。小男孩背对着大家，听着每个人的赞叹声，啧啧的羡慕声。他的心里，不再难过了，小男孩脸上，泪痕还没干，却已经露出了久违的笑容。一旁的老师，偷偷地对小男孩做出胜利的手势，小男孩忍不住咯咯地笑了起来。

后来，这小男孩渐渐长大，并勇敢地选择了游泳作为职业。

佛家提倡博爱，但每个人可以选择爱的不同方式。对人最好的帮助莫过于心灵上的帮助，因为只有心灵的抚慰才会给人以巨大的精神能量，增强一个人的自信心。心灵的帮助，并不一定需要你付出太多的东西，你只要能以一颗充满了善意和理解的心来对待别人，就足以让对方感受到生活的温暖。

生如夏花

男孩与他的妹妹相依为命。父母早逝，他是她唯一的亲人。所以男孩爱妹妹胜过爱自己。

然而灾难再一次降临在这两个不幸的孩子身上。妹妹染上了重病，需要输血。但医院的血液太昂贵，男孩没有钱支付任何费用，尽管医院已免去了手术的费用。但是不输血又不行，不输血妹妹就会死去。

作为妹妹唯一的亲人，男孩的血型与妹妹相符。医生问男孩是否勇敢，是否有勇气承受抽血时的疼痛。男孩稍一犹豫，10岁的大脑经过一番深思熟虑，终于郑重而又严肃地点了点头，仿佛做出了一个极其重大的决定，脸上充满着勇气与责任感。

抽血时，男孩安静地不发出一丝声响，只是向邻床上的妹妹微笑。抽血后，男孩躺在床上一动不动，目不转睛地看着医生将血液注入妹妹体内。一切手术完毕，男孩停止了微笑，声音颤抖地问："医生，我还能活多长时间？"

医生正想笑男孩的无知，但转念间又被男孩的勇敢震撼了：在男孩10岁的大脑中，他认为输血会失去生命。但他仍然肯输血给妹妹，在那一瞬间，男孩所做出的决定其实是下定了死亡的决心。

医生的手心渗出了汗，他握紧了男孩的手说："放心吧，你不会死的，输血不会丢掉生命。"

男孩眼中放出了光彩："真的？那我还能活多少年？"医生微笑着："你能活到100岁，小伙子，你很健康！"

男孩从床上跳到地上，高兴得又蹦又跳。他在地上转了几圈确认自己真的没事时，就又挽起了胳膊——刚才被抽血的胳膊，昂起头，郑重其事地对医生说："那就把我的血抽一半给妹妹吧，我们两个每人活50年！"

所有的人都被震惊了，这虽是孩子无心的承诺，但这是人类最无私、最纯真的诺言。

同别人平分生命，即使亲如父子，恩爱如夫妻，又有几人能如此痛快、如此坦诚、如此心甘情愿地说出并做到呢？所有的人，是的，包括医生，包括护士，包括其他的病人，还包括在尘世间日益麻木并且冷漠的我们。

在禅的意境里，爱是无私的，无私的爱与奉献是人类存在和世界美好的基础，是一种超于自然的人生享受，有了爱的支撑，生活的道路才会充满温情。因为你付出了一份爱，会得到成倍的爱。爱是一种生命的境界，从爱中体味并在爱中升华，你的人生会如夏花一般灿烂夺目。

善非善　恶非恶

从前，印度的一个国王饲养了一头大象。它力大无穷，勇敢凶悍，在战场上能一举打败敌方的进攻。如果处决罪犯，它会去执行踏死犯人的任务。

有一次发生了火灾，大象的住所被烧毁，只好搬迁到另一个住处。在新住处附近有一座寺庙，里面的和尚常常念经，经文里有一句话说："行善者超升天堂，作恶者下沉深渊。"

大象不分昼夜都听到这句话，感动肺腑，以至性情渐渐温和，甚至起了慈悲之心。

一天，国王命令大象去踏死一名重大罪犯，罪犯被拖到大象的住地。不料，大象只用鼻尖轻触了几下犯人，就自行离去了。后来凡是被拖来的罪犯，大象全都用这种方式处理。国王看了大为恼火，召集一群大臣询问原因。

群臣议论纷纷。有一位大臣禀告说："这只象的住所旁边有一寺庙，所以，大象必定是朝夕听闻佛法的教诲，心生慈悲。如果现在把它放在屠宰场，让它日夜看见屠宰的情形，必定会再起恶心。"

国王觉得有道理，立刻派人把大象牵到屠宰场附近，让它每天都看到宰杀、剥皮等残忍的事情。大象果然又恢复了昔日的恶性，残忍凶猛的动作愈来愈厉害。

天下一切苍生，既非善，也非恶，是没有定性的，全都因环境和对象的不同，才会产生善恶的行为。寻求良师，听闻佛法的教理，实在很有必要。

因此，如果遇到外道邪见的恶知识，就会长期在恶道里流转不息，始终不能脱离；如果常怀信敬之心，遇到良师益友，得到精妙的指点教诲，就能脱离恶道，受益无穷。

爱的重量

有一个住在非洲的印度教圣人，来到喜马拉雅山朝圣，那是最难到达的地方。在那个时候，要去那些地方非常困难，有很多人都一去不回——道路非常狭窄，而且道路的旁边是万丈的深谷，山道上终年积雪，只要脚稍微滑一下，就可能会丧命。那个印度教徒尝试去爬那座山，他只带很少的行李，因为带很多行李在高山上行动非常困难，那里空气非常稀薄，呼吸很困难。

就在他的上方，他看到一个女孩，年龄不超过10岁。她背着一个很胖的小孩，一直在流汗，而且喘气喘得很厉害。当那个教徒经过她的身边时说："我的女孩儿，你一定很疲倦，你背得那么重。"

那个女孩生气地说："你所携带的只是一个重量，但是我背的是我的弟弟。"门徒感到很震惊，虽然在磅秤上没有差别，不管你背的是你弟弟还是一个背包，磅秤上将会显示出它的实际重量。但是就心而言，心并不是磅秤，那个女孩是对的，她说："你所携带的是一个重量，可我不是，这是我弟弟，而我爱他。"

爱可以化解重量，爱可以消除重担，只要心中充满爱，再大的重量都是可以承担的，付出爱的感觉是很美的。

一杯糖精水

那是一个物质极度匮乏的年代,我要到学生家去补课。一天的劳顿和漫长的路程走得我气喘吁吁,疲惫不堪,特别是肚子因为饥饿发出的咕噜声,不能遏止地鸣叫着。要知道,我已经两天粒米未进了。

学生家也是一贫如洗,干巴巴的碗盆说明他们家同样揭不开锅。学生的母亲窘迫地在堂屋踱步,不知道拿什么招待我才好。我说不用了,喝口水就开讲吧。她突然一拍脑门说"我真糊涂",就连忙踩着炕沿儿,够下一只篮筐。翻了半响,取出一只拇指粗的小玻璃瓶,再摇摇、敲敲,把里面的一点粉末冲进水杯,兴奋地捧给我。

那是一杯甜甜的糖精水。

然而,我只舔了一小口就再也喝不下去了。几个孩子的眼睛闪着贪婪的目光,嘴里流着口水看着我,我能坦然地享受那杯糖精水吗?但那一小口糖精水一直甜到我的心底,凭借着它的甜蜜,我走完了另外几处需要补课的学生家。

许多年后,我都对那杯糖精水怀着特殊的感情,因为那点学问,是我精神上唯一可贡献的最后食粮;那点糖精,也是学生家仅剩的食物,我们都倾囊而出,为了答谢对方的恩德。

倾心倾力,让我体会到了什么是情深义重。

你给予别人的不在于多少,而在于给予的东西对你而言有多大意义。常言道:"己所不欲,勿施于人。"如果把你自己都看不上的东西,送给别人,那算不了什么。但若倾囊相赠,不论所赠为何物,都会恩重如山,叫人感念。

一栋房子的价值

这是发生在英国的一个真实的故事。

有位孤独的老人，无儿无女，又体弱多病，他决定搬到养老院去。老人宣布出售他漂亮的住宅。

购买者闻讯蜂拥而至，挤满了整个房间。住宅底价8万英镑，但人们很快就将它炒到10万英镑，价钱还在不断攀升。

老人深陷在沙发里，满目忧郁。是的，要不是身体太差了，他是不会卖掉这栋陪他度过大半生的住宅的。

一个衣着朴素的青年来到老人跟前，弯下腰，低声说："先生，我也好想买这栋住宅，可我，只有1万英镑。"

"但是，它底价就是8万英镑啊。"老人淡淡地说道，"现在它已升值到10万英镑了。"

青年并不沮丧，真诚地说："如果您把住宅卖给我，我保证会让您依旧生活在这里，和我一起喝茶，读报，散步，天天都快快乐乐的——相信我，我会用整颗心来照顾您！"

老人领首微笑，站起来，挥手示意人们安静下来。"朋友们，这栋住宅的新主人已经产生了，"老人拍着青年的肩膀，"就是这个小伙子！"

完成梦想，不一定非得要冷酷的厮杀和欺诈，有时只要你拥有一颗爱人之心。爱人，才会获得别人的回报和支持，让你的力量成倍增长，在竞争中立于不败之地。

女孩良言

一个性格内向的年轻人，在很短的时间内父母相继病逝，情场又十分失意，事业上也频遭挫折。他万念俱灰。一天，他来到一家商店，想买一把水果刀，准备杀掉所有与自己有仇怨的人之后自绝于世。

他要了好几把刀，反复试着刀锋，终于选定了一把。付过钱后，正待离开，售货员小姐忽然叫住了他，把刀要了回来。他冷冷地站在那里，困惑地看着她往刀锋上缠着纸巾，缠了一层又一层，缠好之后，她手握刀锋，将刀柄一方朝着他，把刀递到他的手里。

"你这是干什么？"他问。

"这样就不容易碰伤人了。"小姐笑道。

"其实你不用管那么多，只需要卖刀就行了。"

"这里卖出的刀是去削水果还是去沾鲜血是和我没有一点儿关系，"小姐依然笑道，"可是我希望所有的人都能生活得好一些。"

他拿起刀走出了商店，心里忽然十分温暖。原来这世界并不是他想象的那么无情，原来还有人不为任何利益地关心着他。虽然只有几句话，但一点点也就足够珍贵了。

那天下午，他买了许多水果，细细地用那把刀享受着果汁的芬芳与甘甜。他边吃边流泪边想象着那个女孩的容颜。如果不是那个陌生的女孩，他和这把刀恐怕都要掉进万劫不复的深渊了。

自此，这把刀成了他警戒自己的至宝。那个女孩，也成了他生命中的至神。

<u>人的话语是最有力量的"双刃剑"，能够杀人，也能够救人，就看你怎么用它！记住：良言一句三冬暖！</u>

钱因人而恶

释圆大师云游到一个地方。他拖着疲惫的身体,感到又饥又渴。走着走着,眼前出现了两座房子:其中一座非常华丽,另一座却非常破旧。

释圆大师心想:我若是借宿于那华丽的房子,相信不至于给房主带来负担。于是,大师敲了敲华丽房子的门。一会儿,一个穿着很得体的男人开了门,问道:"你有什么事?"

大师回答说:"我出远门,途中至此,不知是否方便借宿一宿?"

那男人用非常不屑的眼神上下打量了大师一番之后,他觉得:这人衣着朴素,行囊简单,可见不是有钱人。于是,男人说:"不行,我的房子怎么能让你住呢?我的房间里有那么多的药材、种子,没有空地了。假如每一个来敲门的人都要求借宿,那怎么能住得下呢?再说了,我哪有那么多食物给你吃啊!"说完,房主就关上了门。

这是一个充满金钱至上气息的社会,人与人之间的关系,因为金钱而变得变幻难测。贫居闹市时的门可罗雀和富居深山时的远亲相访,足可以反映出金钱的巨大魅力。人性在金钱的诱惑中变得不再纯净。尔虞我诈,你争我抢,似乎除了金钱就再也没有更有价值的东西存在。

金钱本身并无善恶之别,而是取决于使用金钱的人如何来运用它。金钱可以购买军火、毒品;同样也能够用来建造医院、学校。金钱用来造福社会,它就是善的;用来毒害社会和大众,它就是恶的。

感谢花开

女儿睡觉前，除了要我给她讲一个故事外，她自己也有一个任务，即要回忆自己一天来所经历的人和事，并要在心中默默感激三个人、三件事。

这个"任务"是我安排的，我想让她从小学会看到人生美好的一面，并真心地感恩。一个常常感恩的人，才会惜福，才会快乐，心灵才会圆满温润。

这天晚上，女儿在钢琴边发呆了许久，我以为她困了，便叫她上床睡觉。可她似乎没有什么反应，显然她在深思什么，我便提醒地问她今天"感谢过了吗"？

女儿为难地告诉我，今天，她谢过了为自己剪指甲的奶奶，为她上琴课的老师，为她们班做卫生的钟点工以及老天没下雨……可是，还少一件事需要感谢，想来想去，她不知还要谢什么，正伤脑筋呢。

我建议说，只要让你快乐的事，都值得去感激。这时，女儿歪着头问我，妈妈种的茉莉花，在阳台上开花了，这事令她最开心了，那么香，那么美，她要谢谢花开了！

我也被她感动了。而最初，是花感动了她，这种感谢如花一样美丽。

6岁的女儿，已开始会感谢花开；等到秋天，她就会感激硕果；到了冬天，她一定会觉得富饶满足。

心存感恩的人一定是富有的，至少他是精神上的富有者。当我们拥有了一颗因感谢而仁爱的心，当我们可以给需要帮助的人一点点关爱时，我们是有理由为自己的富有而自豪的。

做个能保护弱者的人

了缘大师出家之前俗名叫了了。

有一次，4岁的小了了和父亲、母亲在假日里到森林中去。森林里是那么美好，那么欢快。父母让了了看看盛开着铃兰花的林中旷地。

林中旷地附近长着一丛丛野蔷薇，一朵花开放了，粉红粉红的，芬芳扑鼻。

全家人都坐在灌木附近，父亲在看一本有趣的书。突然雷声大作，接着大雨如注。

爸爸把自己的雨衣给了妈妈，虽然她并不怕淋雨；而妈妈却又把雨衣给了了了，虽然他也并不怕淋雨。

了了问道："妈，爸爸把自己的雨衣给了您，您又把雨衣给我穿上，你们干吗这样做呢？"

"每个人都应该保护更弱小的人。"妈妈回答说。

"那么，我干吗又保护不了任何人呢？"了了问道，"就是说，我是最弱小的人啰？"

"要是你谁也保护不了，那你真是最弱小的人！"妈妈笑着回答说。

了了朝蔷薇丛走去，掀起雨衣的下部，盖在粉红的蔷薇花上；滂沱大雨已经冲掉了两片蔷薇花瓣，花儿低垂着头，因为它娇嫩纤弱，毫无自卫能力。

"现在我该不是最弱小的吧，妈妈？"了了问道。

"是呀，现在你是强者，是勇敢的人啦！"妈妈这样回答他。

帮助那些需要帮助的人是一种良好的品德。能够关照和帮助别人的人就不是弱者。

给予是福

有一个人过世之后，发现自己置身在一个金光闪闪的国度里，心想："我现在一定比生前的境况好多了。"接着，一道光芒迫近他，引领他来到了一个富丽堂皇的宴会厅。

大厅里，有一张摆满各种佳肴美馔的长桌。他和很多不认识的人一同入席，开始准备享用美食。

但是，正当他拿起刀叉时，突然有人从背后靠近他，并且在他的手臂后面绑了一块薄木板，这么一来，他根本无法将食物送入口中，因为他的手臂无法弯曲。

环顾四周，他注意到其他围坐在桌边的人也有相同的困扰，无法弯曲已被笔直固定住的手臂。顿时，哀号和哭喊声音四起，无论他们再怎么努力想将食物送入自己口中，仍无法随心所欲地弯曲手臂。

他走到那位带领他来到此地的人身旁，说："我不愿待在这里，你还是让我到另一个地方去吧！"

突然间，一道光芒引领他穿过大厅的门槛，来到另一个阔大又华丽的宴会厅。

同样的，这个宴会厅里也有一张摆满和之前一样美食的大桌。这个人心想："哦！这和刚才的场景很像。"

当他坐在餐桌前面准备进餐的时候，也有一个人走到他的后面，在他的手臂后面绑了一块薄木板。同样的情形再度重演，他仍旧无法弯曲手臂将夹取的食物送入口中。

正在他为此感到惋惜和伤心时，他环顾餐桌四周，注意到这里和先前的情形有些许不同。

这里的人索性将他们僵硬、笔直的手臂伸直，把手上的食物送入邻座人的口中。每一个人都将美食喂给旁边的人，每个人都能享用到佳肴。整个大厅其乐融融，每个人都笑逐颜开。

<u>帮助他人正是生命的本质。为他人尽力，也即为自己尽力；一个人在帮助别人时，无形之中就已经投资了感情，别人对于你的帮助会永记在心，只要一有机会，他们也会主动帮助你的。</u>

我只有 10 块钱

由于遗弃或收缴来的自行车无人认领，警察决定将它们拍卖。

第一辆自行车开始竞拍了，站在最前面的、一位大约 10 岁的小男孩说："10 块钱。"叫价持续不断，拍卖员回头看了一下前面的那位男孩，他没还价。接着几辆自行车也出售了，那小男孩每次总是出价 10 元，从不多加。不过 10 块钱实在太少了，因为每辆自行车最后的成交价几乎都是三四十元。

渐渐地，人们都感到奇怪。暂停休息时，拍卖员问男孩为什么不再加价，小男孩告诉他："我只有 10 块钱。"

拍卖快结束了，现场只剩下最后一辆非常漂亮的单车，拍卖员问："有谁出价吗？"

这时，站在最前面、几乎已失去希望的小男孩轻声地又说了一遍："10 块钱。"

拍卖员停止了唱价，观众也静坐着，没有人举手，也没有人出第二个价。最后，小男孩拿出握在手中、已被汗水浸得皱巴巴的 10 元钱，买走了那辆全场最漂亮的自行车。

现场的观众纷纷鼓掌。

在生活中，像小男孩那样毫不保留地亮出自己的底牌的人实在不多，像他那样坦坦荡荡地去竞争的人实在又太少。

除了欺诈和厮杀，我们其实还有许多方法去达到目标、完成梦想，比如用自己的真诚和执著。

这也是一种感激

一个住在深山里的盲人到山外去。一个岔路口的一棵树被偷伐者砍去，他因此迷了路，走到了很远的地方。

盲人做了很多努力，都无法走回原来的路。他只得在另一个岔路口等待过往的行人。等了许久，走过来一个旅行者，旅行者已走得十分疲惫，他也迷路了。他看到了站在路口的盲人，十分高兴，很诚恳地向盲人打听方向。

旅行者打听的地址正是盲人住的那个山村。盲人说："我对它太熟悉了，可是，我也迷路了。"

这时，旅行者才发现，他问的是一个盲人。正待离开，他发现天色已晚，盲人在这荒郊野地里有危险，便又转身回来，对盲人说："让我牵着你，试着找到原来的路吧。"

天色越来越黑，草丛间响起虫儿的鸣唱。走了许久，还是找不到原来的路。盲人突然停下脚步，对旅行者说："我曾听一个小孩说，村前的山上有一座航标塔，一到晚上，塔灯一闪一闪的很好看。"

旅行者听罢，向四周眺望。果然在远处的一个山头上，有一盏红色的塔灯在闪烁。

他们很顺利地找到了通往村子的路，旅行者很高兴，盲人也很高兴。盲人对旅行者说，今天我要为你当导游。

盲人一边走，一边向旅行者介绍这里的风土人情。盲人觉得今天应该好好招待他。盲人走到一条小河边，对旅行者说："从前我的眼睛没失明的时候，常在这条河里戏水，河水清澈见底，小鱼儿常来咬我的脚趾。"

旅行者在月光的反射下，仔细看那条小河，小河已经干涸，只有河谷处还有很细的水流。

但盲人好像对此并不知情。

盲人接着说，你看河的那边，有一片绿油油的草坡，那里开着许多不知名的小花。

旅行者向那边看时，却是一座堆得高高的垃圾山。

盲人说，我小的时候这里山上到处古树参天，下雨的时候，在林子里都不用打伞。

旅行者觉得好笑，虽然夜色深沉，但仍然依稀可见四周的山坡上裸露出的黄褐色的土壤。

对盲人热情的介绍，旅行者什么也没说。第二天，旅行者在村子周围走了一圈，他发现这里的环境早已被破坏，根本不是盲人所说的那样。

临走时，旅行者拉着盲人的手说："这里的风景真的很漂亮。"旅行者没有勇气对他说出真相，他希望盲人永远有一个美好的回忆。对于他来说，这是对盲人最大的感激。

<u>面对残酷的现实，盲者似乎要比明眼人更加幸福，至少盲者看不到现实而拥有美好回忆的想象。如果不想生活在回忆和想象中，那就需要我们用自己的努力来改变现实，让它变得更加美好。</u>

富有的心情

我把钱放在一个乞丐的钵子里时,有个好心人走过来对我说:"这里百分之九十九的乞丐都是假的,你当心他拿你的钱去花天酒地。"

我说:"只要做了乞丐就没有假的,因为他的手要钱的时候,心情就是乞丐了。心情是乞丐的人,即使他四肢完好、家财万贯,也仍然是个乞丐,所以值得施舍。"

同样的,一个穷人只要有富有的心情,他便是一个富人了。

我们定义乞丐,不是看他是否真的靠别人的钱物生活,和尚靠人施舍度日却一样获得人们的尊重。唯有心情是"乞丐"的人才是真正的乞丐,保持内心的独立与尊严,是永远不会沦为乞丐的。

"报复"丈夫的办法

一位女士愤愤不平地告诉善导大师,她恨透了她的丈夫,因此非离婚不可。

善导大师向她建议:"既然已经走到这个地步,我劝你尽量想办法恭维他、讨好他。当他觉得不能没有你,并且以为你深爱他时,你再断然跟他离婚,让他痛苦不堪。"女士觉得善导大师不愧为智者,给她出的点子真是绝妙。

几个月过后,女士又回来找善导大师,说一切都进行得很好。善导大师说:"行了,现在你们可以办理离婚了!"

她说:"什么?离婚,才不呢!现在我从心里爱着我的丈夫了!"

爱、希望和耐心是幸福之源。爱换来爱,爱让希望添上翅膀,使内心永远充满活力。爱即仁慈、宽厚;爱即坦率、真诚。一切美好的东西都源于爱。爱是光明的使者,是幸福的引路人。爱是"照耀在茫茫草原上的一轮红日,是百花丛中的绚丽阳光"。无数欢快的念头都从爱的呼唤中翩翩而来。爱是无价的,但它并不花费任何东西。爱为自己的拥有者祈神赐福,一个心中拥有爱的人,幸福总会伴随他,爱与幸福是不可分割的。因为爱,痛苦会化为幸福,伤心的泪水也会化作甘泉。

善恶两分

有这样一个寓言故事。森林着火了,一只小鹿和一只老虎被火逼到了一块草地上。为了避免被烈火烧焦,他们一起拼命地扑火,终于,他们安全了。这时大老虎又热又渴,昏死了过去,小鹿用蹄子使劲刨出一汪清泉,把清泉淋在老虎头上,灌进老虎嘴里,老虎苏醒了,在他刚刚恢复力气以后,第一件事,便是咬断了小鹿的脖子……这是一个童话。

然而这个故事却是生活中的一个事实。沿海某市天座电子有限公司为挽救濒临破产的星光电子公司,积极为他们提供资金和技术援助,使其起死回生。为了让星光电子公司有更好的发展,天座电子有限公司还在自己与国外合作的一批生意中,让星光公司负责货物抵港督查,而星光电子有限公司的人却在密谋后,把货物以极低的价格抛出,卷款而逃,使天座直接经济损失达1000万元。

我们无时不在渴望和平与友谊的鲜花绽放,但在我们的生活中依然存在着虚伪和谎言,被老虎杀死的小鹿正是因为只记得与老虎共患难时是伙伴,而忘记了老虎还是它的敌人。

善恶全在一线间

一位白领讲述他的亲身经历也许能给我们一些启示：

为了适应市场变化，公司需要重组，300多名员工将裁减50%。更残酷的是，我和卫成了竞争对手。多年来，作为公司的技术骨干，我和卫同在一间办公室，为着同一个目标共同努力，度过了多少疲劳但却兴奋的不眠之夜。我们是一对相互协作的兄弟，所有的设计图纸中，都饱含着他的智慧和我的心血。在公司这架庞大的机器中，我和卫是两个相依互动的齿轮。

那天主任找我们谈话的时候，我们惊呆了。其他部门员工的去留，均按各自的业绩进行量化对比，较容易决定，唯有我和卫是公司的技术骨干，且工作合作性很强，难分高低，因此，老板决定亲自考核我们，并安排一次留岗竞争。

原本兄弟般的感情，忽然变得尴尬了，我的心里很不是滋味。早晨走进办公室，卫已经在那等了，他苦笑了一下，没作声。我也不知道说什么好，气氛相当压抑。这熟悉的电脑、熟悉的桌椅乃至熟悉的人竟然变得如此陌生！

决定命运的时刻到了。老板作开场白："并非公司有意为难你们两个，实在是迫不得已啊！"说着，将两份同样的试题分给我和卫。一个小时的紧张答题，我和卫几乎同时交出答卷。老板和主任对照图纸研究了好长时间，似乎十分为难。主任小心地说："这两个兄弟跟我多年，老板，我是一个也舍不得啊！"老板抬眼瞅瞅他，犹豫半晌，缓缓地说："这样吧，由他们相互评价对方，再做决定。"然后，将我的设计图纸给了卫，而卫的给了我，又说："满分为10分，另外各自写出对对方作品的书面评语。"

原本痛苦的我，此刻陷入"绝境"。老板简直是将我们推入了古罗马斗兽场！

凝视着卫的图纸，我久久不能平静。他的思维和技法才华横溢，其中有我熟悉的味道，否定他，就等于否定我自己！多年在一起的学习和实践，我们已相互渗透得很深很深……还想什么呢？我轻松地在卫的图纸上打了个9分。

当我发现卫也给了我9分时，我流泪了。老板很动情，拉住我们的手说："在这个关头，你们用各自的心灵选择了对手，请原谅我刚才的冷酷，也请允许我邀请你们永远留在公司，因为，你们虽是两个人，却拧成了一股绳。公司永远需要这种力量，因为它无坚不摧！"

任何外物失去了都可以通过努力加以弥补，但高尚的品质却是不可再生的资源，就像一只精美的瓷瓶，一旦坠地破碎便一文不值，一个人应该像佛家弟子守戒一样珍惜自己的声誉和修为。

拉萨的月光

拉萨每年过年都有一项内容，那就是到街头布施穷人。穷人成排地站着，众多布施者拿着零钱一路分过去。有一个布施者，钱分得差不多了，就专挑那些看着顺眼的求乞者分，而那些看着就让人不喜欢的人，就跳过去了。这时，藏族的另一位同行者告诫这个布施者，不能这样歧视其他的求乞者，因为拉萨的月光照在每个人的身上。

人往往就是这样，自己渴求着平等与尊重，却在自己的行为中存在着不平等与歧视。即使是施舍爱心，也要划分等级和层次，在我们的现实生活中，我们自然或不自然地扮演了连我们自己都厌恶的这一角色。

佛在身边

从前,有个年轻人与母亲相依为命,生活相当贫困。

后来年轻人由于苦恼而迷上了求仙拜佛。母亲见儿子整日念念叨叨、不事农活的痴迷样子,苦劝过几次,但年轻人对母亲的话不理不睬,甚至把母亲当成他成仙的障碍,有时还对母亲恶语相向。

有一天,这个年轻人听别人说起远方的山上有位得道的高僧,心里十分仰慕,便想去向高僧讨教成佛之道,但他又怕母亲阻拦,便瞒着母亲偷偷从家里出走了。

他一路上跋山涉水,历尽艰辛,终于在山上找到了那位高僧。高僧热情地接待了他。

听完他的一番自述,高僧沉默良久。当他向高僧问佛法时,高僧开口道:"你想得道成佛,我可以给你指条道。吃过饭后,你即刻下山,一路到家,但凡遇有赤脚为你开门的人,这人就是你所谓的佛。你只要悉心侍奉,拜他为师,成佛是非常简单的事情!"

年轻人听了非常高兴,谢过高僧,就欣然下山了。

第一天,他投宿在一户农家,男主人为他开门时,他仔细看了看,男主人没有赤脚。第二天,他投宿在一座城市的富有人家,更没有人赤脚为他开门。他不免有些灰心。

第三天、第四天……他一路走来,投宿无数,却一直没有遇到高僧所说的赤脚开门人。

他开始对高僧的话产生了怀疑。快到自己家时,他彻底失望了。日落时,他没有再投宿,而是连夜赶回家。到家时已是午夜时分,疲惫至极的他费力地叩动了门环。屋内传来母亲苍老惊悸的声音:"谁呀?"

"是我，妈妈。"他沮丧地答道。

门很快打开了，一脸憔悴的母亲大声叫着他的名字把他拉进屋里。在灯光下，母亲流着泪端详他。

这时，他一低头，蓦地发现母亲竟赤着脚站在冰凉的地上！

刹那间，他想起高僧的话。他突然什么都明白了。

年轻人泪流满面，"扑通"一声跪倒在母亲面前。

母亲对于我们每个人来说永远都是伟大的。母爱就是一生相伴的盈盈笑语；母爱就是漂泊天涯的缕缕思念；母爱就是儿女成长的殷殷期盼。不管你是怎样的卑微和落魄，母亲永远是你可以停泊栖息的港湾，她的关爱和呵护是对你永远的无条件付出。

第四章
宠辱不惊——提升心灵修养,缓解生存压力

宠辱不惊,闲看庭前花开花落;去留无意,漫观天外云卷云舒。红尘万丈,体味人情冷暖,感受世态炎凉。以平常之心处世度人,以从容之态演绎人生。从容是一种修炼,它不只表现于生命在得意之时豁达、稳健,更在于陷入不幸时的坦然与沉静,这是一种人生的境界。

保持一颗清净的心

有一位虔诚的佛教信徒,每天都从自家的花园里,采撷鲜花到寺院供佛。

一天,这位信徒正送花到佛殿时,碰巧遇到无德禅师从法堂出来。无德禅师非常欣喜地说道:"你每天都这么虔诚地以鲜花供佛,来世当得庄严相貌的福报。"

信徒非常欢喜地回答道:"这是应该的,我每天来寺礼佛时,自觉心灵就像洗涤过似的清凉,但回到家中,心就烦乱了。我这样一个家庭主妇,如何在喧嚣的城市中保持一颗清净的心呢?"

无德禅师反问道:"你以鲜花献佛,相信你对花草总有一些常识,我现在问你,你如何保持花朵的新鲜呢?"

信徒答道:"保持花朵新鲜的方法,莫过于每天换水,并且在换水时把花梗剪去一截。因为花梗的一端在水里容易腐烂,腐烂之后,水分就不易吸收,就容易凋谢!"

无德禅师道:"保持一颗清净的心,其道理也是一样。我们生活的环境像瓶里的水,我们就是花,唯有不停净化我们的身心,并且不断地检讨,改进陋习、缺点,才能不断吸收到大自然的食粮。"

信徒听后,欢喜地作礼,并且感激地说:"谢谢禅师的开示,希望以后有机会亲近禅师,过一段寺院中禅者的生活,享受晨钟暮鼓、菩提梵呗的宁静。"

无德禅师道:"你的呼吸便是梵呗,脉搏跳动就是钟鼓,身体便是庙宇,两耳就是菩提,无处不是宁静,又何必等机会到寺院中生活呢?"

是啊，热闹场中亦可做道场；只要自己丢下妄缘，抛开杂念，哪里不可宁静呢？如果妄念不除，即使住在深山古寺，一样无法修行。

正如六祖慧能所说：不是风动、不是幡动，是人的心在动。心才是无法宁静的本源。

禅镜

一面清明的镜子，不论是最美丽的玫瑰花或是最丑陋的腐木，都会显出清楚明确的样貌；不论是倏忽缥缈的白云或是平静恒久的绿野，也都能自在呈现它的状态。

唐朝的光宅慧忠禅师，修行深而微妙，被唐肃宗迎入京都，待以师礼，朝野都敬为国师。

一日，当朝的大臣鱼朝恩来拜见国师，问："何者是无明，无明从何时起？"

慧忠国师不客气地说："佛法快要衰败了，像你这样的人也懂得问佛法！"

鱼朝恩从未受过这样的屈辱，立刻勃然变色，正要发作，国师说："此是无明，无明从此起。"

慧忠国师是说，这就是蒙蔽心性的无明，心性的蒙蔽就是这样开始的。鱼朝恩当即有省，从此对慧忠国师更为钦敬。

任何一个外在的因素使我们波动都是无明。如果能止息外在所带来的内心波动，则无明即止，心也就清明了。

行善也需平常心

一个乐于助人的年轻人遇到了困难,想起自己平时帮助过许多朋友,于是去找他们求助。然而对于他的困难,朋友们全都视而不见、听而不闻。

真是一帮忘恩负义的家伙!

年轻人怒气冲冲,他的愤怒这样激烈,以至于无法自己排遣。百般无奈,他去找一位智者。

智者说:"助人是好事,然而你却把好事做成了坏事。"

"为什么这样说呢?"

年轻人大惑不解。

智者说:"首先,你开始就缺乏识人之明,那些没有感恩之心的人是不值得帮助的,你却不分青红皂白地帮助,这是你的眼浊;其次,你手浊,假如你在帮助他们的同时也培养他们的感恩之心,不至于让他们觉得你对他们的帮助天经地义,事情也许不会发展到这步田地,可是你没有这样做;第三,你心浊,在帮助他人的时候,应该怀着一颗平常心,不要时时觉得自己在行善,觉得自己在物质和道德上都优越于他人,你应该只想着自己是在做一件力所能及的小事。比起更富者,你是穷人;比起更善者,你是凡人。"

愿意帮助别人,并在需要的时候希望自己得到别人的帮助,可以说是人之常情;而真正豁达睿智的人,却善于从自己身上找原因,不会一味地抱怨别人。

天堂与地狱只一线之隔

武士信重向白隐禅师请教："真的有天堂和地狱吗？"

白隐问他："你是做什么的？"

"我是一名武士！"

"什么样的主人会要你做他的门客？看你的面孔，犹如乞丐！"白隐说。

信重非常愤怒，按住剑柄，作势欲拔。

"哦，你有一把剑，但是你的武器也太钝了，根本砍不下我的脑袋。"白隐毫不在意地继续说。

信重被激得当真拔出剑来。

"地狱之门由此打开。"白隐缓缓说道。

信重心中一震，当下有所悟，遂收起剑向白隐深深鞠了一躬。

"天堂之门由此敞开。"白隐欣然而道。

可见天堂与地狱只有一线之隔。愤怒和暴躁的情绪常常引人走入地狱，而安详、平静的情绪却可以将人送入天堂。人的心一旦被负面因素所影响，那这个人就可能成为魔鬼，反之，即可能成为圣人。生活中我们很可能遭遇太多的不愉快，甚至是不幸，这时的你会怎么办？任不满和怨愤喷薄而出？还是恬淡隐忍，视有若无？

灯芯将尽

有一位医术高明的医师，不但热心救人，并且收费低廉，远近的居民都喜欢找他治病。

一天，来了一位半身不遂的白发老翁，坐在轮椅上，由儿子推着走。

"无论如何，拜托你救救我父亲……"四十多岁的大男人，哭得像婴儿一般，"看了好几位医师都没有起色，我只想让他多活几年。千万拜托，大夫。"

医师仔细测脉搏、量血压，做了心肺检查后，开了一张药单，并特地叮咛说："回家以前，不妨上三楼佛堂坐坐。"

男人听了一头雾水，只当医师是在安抚患者的情绪，没放在心上。

匆匆地过了两个月，男人又推着老父来就诊。仔细检查、开药方后，医师再度嘱咐他陪父亲去三楼佛堂坐坐。

但男人依旧没在意，拿了药便推父亲走了，心想这个医师还挺婆婆妈妈的。

直到第三次看诊，开完药方后，医师拦住他，按下电梯一同前往三楼佛堂。

三人默默浏览素雅的茶几、盆栽和书架上的善书佛经。偌大的空间里，除了清水和两碟笑香兰之外，橙黄的酥油在供桌上无烟焚烧，沉睡在火焰的梦里……

"我请你们上来坐的原因，是看看油灯里的灯芯……"医师指着前方说，"每一盏油灯都需要灯芯，有最好的油却没灯芯，还是无法燃烧。每当油快要烧光，灯芯剩下一小截时，我就会想：再添些油到容器里，应该可以延长灯芯的寿命吧,于是我真的这么做了,结果你们猜怎样?"

望着满脸疑惑的父子二人,他缓缓说道:"我总是贪心地倒得太多,结果不是火焰变得极微弱,就是灯芯根本烧不起来。试过好几次以后,我才明白:要让灯芯发出最自然的光芒,只有一个方法,就是容器内注满油,让灯芯一路烧完,油尽灯枯,再重新添入新油、换上新灯芯,这才是点灯的正确方法。"

男人恍然大悟,默默点头,含泪推着轮椅上的老父离去。

容器是命运,油就仿佛是我们身处的世界,而灯芯就像是肉体躯壳一样。一个生命终止,另一个新生命诞生;有死才有生,生生不息。油灯将残,就让它残吧;花之将萎,就任它枯萎吧。自然规律任谁也无法违背。

损失了两个马克

尤利乌斯是一个画家,而且是一个很不错的画家。他画快乐的世界,因为他自己就是一个快乐的人。不过没人买他的画,因此他想起来会有点伤感,但只是一会儿。

"玩玩足球彩票吧!"他的朋友们劝他,"只花两马克便可赢很多钱!"

于是尤利乌斯花两马克买了一张彩票,并真的中了彩!他赚了50万马克。

"你瞧!"他的朋友都对他说,"你多走运啊!现在你还经常画画吗?"

"我现在就只画支票上的数字!"尤利乌斯笑着说。

尤利乌斯买了一幢别墅并对它进行一番装饰。他很有品位,买了许多好东西:阿富汗地毯、维也纳柜橱、佛罗伦萨小桌、迈森瓷器,还有

古老的威尼斯吊灯。

尤利乌斯很满足地坐下来，点燃一支香烟静静地享受他的幸福。突然他感到好孤单，便想去看看朋友。他把烟往地上一扔，在原来那个石头做的画室里他经常这样做，然后就出去了。

燃烧着的香烟躺在地上，躺在华丽的阿富汗地毯上……一个小时以后别墅变成一片火的海洋，它完全烧没了。

朋友们很快就知道了这个消息，他们都来安慰尤利乌斯。

"尤利乌斯，真是不幸呀！"他们说。

"怎么不幸了？"他问。

"损失呀！尤利乌斯，你现在什么都没有了。"

"什么呀？我只不过是损失了两个马克。"

人生不应该有太多的牵挂与负荷。现在拥有的，我们应该珍惜；已经失去的，也没必要再为之哭泣。抬头向前看，会有更美好的生活在等着你；只要还有一颗乐观向上的心，人生会一路充满阳光。

落日

从前有一个小和尚，站在山坡上看落日。当太阳渐渐落下山坡时，小和尚突然大哭了起来。这时，一个老师父从这里经过，就问小和尚，小和尚说："夕阳是如此的美妙，可无论如何都不能把它留住，所以就哭了起来。"老师父听完哈哈大笑起来。他对小和尚说："明知不能留，为何还要强求呢？"

其实美丽的东西，并不是一定要拥有，只要我们心中时常珍藏着一份美丽，生活就是最美丽的享受。明知不能留就不必强求，太勉强总会不尽人意。

不要期待完美

一位方丈想从两个徒弟中选一个做衣钵传人。

一天，方丈对徒弟说："你们出去给我拣一片最完美的树叶。"两个徒弟遵命而去。

时间不久，大徒弟回来了，递给方丈一片并不漂亮的树叶，对师父说："这片树叶虽然并不完美，但它是我看到的最完整的树叶。"

二徒弟在外转了半天，最终空手而归，他对师父说："我见到了很多很多的树叶，但怎么也挑不出一片最完美的……"

最后，方丈把衣钵传给了大徒弟。

现实生活中女人要寻找的往往是"白马王子"，男人要寻找的则是美貌无双的"人间尤物"，他们寄予爱情与婚姻太多的浪漫，这种过于理想化的憧憬，往往会被生活的现实击打得粉碎。

其实，十全十美的人在现实生活中根本不存在，有些人，特别是女性，往往容易一味沉醉于罗曼史所带给她们的短暂刺激之中。其实爱情可以让人创造奇迹，也可以令人陷入盲目，要知道美满的爱情不是那些日思夜想的白日梦，而且即使再美丽的梦想也不过是一个梦而已。脱离实际的幻想，超乎现实的理想化，往往使爱情失去真正的色彩。

自夸者必自败

曾经有一位学识渊博的老禅师正和俗家弟子们聚在一起聊天。一位富家子弟趾高气扬地向所有人炫耀：他家在郢都郊外的一个村镇旁拥有一望无边的肥沃土地。

当他口若悬河大肆吹嘘自己的富有时，一直在其身旁不动声色的老禅师拿出了一张大地图，然后说："麻烦你指给我看看，我国在哪里？"

"这一大片全是。"学生指着地图洋洋得意地回答。

"很好！那么，郢都在哪里？"老禅师又问。

学生挪着手指在地图上将郢都找出来，但和整个国家相比，的确是太小了。

"那个村镇在哪儿？"老禅师又问。

"那个村镇，这就更小了，好像是在这儿。"学生指着地图上的一个小点说。

最后，老禅师看着他说："现在，请你再指给我看看，你家那块一望无边的肥沃土地在哪里？"

学生急得满头大汗，当然是找不到。他家那块一望无边的肥沃土地在地图上连个影子也没有。他很尴尬且又深有感悟地回答道："对不起，我找不到！"

任何人所拥有的一切，与有大美而不言的天地相比，与浩瀚无际的宇宙相比，都不过沧海一粟，实在是微不足道。从历史的长河来看，不管我们拥有什么、拥有多少、拥有多久，都只不过是拥有极其渺小的瞬间。人誉我谦，又增一美；自夸自败，又增一毁。无论何时何地，我们永远都应保持一颗谦恭有礼的心。

以平常心泰然处之

有一个人曾经问慧海禅师："禅师，你可有什么与众不同的地方呀？"

慧海禅师答道："有！"

"那是什么?"这个人问道。

慧海禅师回答:"我感觉饿的时候就吃饭,感觉疲倦的时候就睡觉。"

"这算什么与众不同的地方,每个人都是这样的呀,有什么区别呢?"这个人不屑地说。

慧海禅师答道:"当然是不一样的了!"

"这有什么不一样的?"那人问道。

慧海禅师说:"他们吃饭的时候总是想着别的事情,不专心吃饭;他们睡觉的时候也总是做梦,睡不安稳。而我吃饭就是吃饭,什么也不想;我睡觉的时候从来不做梦,所以睡得安稳。这就是我与众不同的地方。"

慧海禅师继续说道:"世人很难做到一心一用,他们总是在利害得失中穿梭,囿于浮华的宠辱,产生了'种种思量'和'千般妄想'。他们在生命的表层停留不前,这成为他们最大的障碍,他们因此而迷失了自己,丧失了'平常心'。要知道,生命的意义并不是这样,只有将心融入世界,用平常心去感受生命,才能找到生命的真谛。"

《小窗幽记》中有这样一副对联:"宠辱不惊,看庭前花开花落;去留无意,望天上云卷云舒。"寥寥几字便足可看出作者的心境:无论何时何地,以平常心泰然处之,任世间起伏变化,我独守一寸心灵的净土,幽然独坐,外物的一切皆不能打扰我的内心。这就是人生入世时的境界,唯有如此方能从入世中的有我之境达到出世时的无我之境。

持一颗平常心,不为虚荣所诱,不为权势所惑,不为金钱所动,不为美色所迷,不为一切的浮华沉沦。

害你的是自己的心

有一个人终日困苦不堪,因为他常常猜疑自己周围的人,甚至在做每一件事时,都要好好地算计,时时感觉很累,故而他去找一位禅师开示。

见到禅师后,说明自己的状况以及来意,便问:"人生何以得快乐?"

禅师说:"心宽人自轻,眼明心自静。"

他又十分疑惑地问:"如亲人欲害自己如何?"

禅师笑道:"人不会害你,害你的是自己的心。"接着又说:"我给你讲个故事,你便得知。"

有一个年轻人结婚,婚后生育,他的夫人因难产而死,遗下一子。他忙于生活,因无人照看孩子,就训练一只狗,那狗聪明听话,能照顾小孩,咬着奶瓶喂奶给孩子喝,抚养孩子。

一日,主人出门去,到了别的乡村,因遇大雪,当日无法返回。第二日赶回家时,狗立即闻声出来迎接主人。他把房门打开一看,到处是血,抬头一望,床上也是血,孩子不见了,狗在身边,满口也是血。主人看到这种情形,以为狗性发作,把孩子吃掉了,大怒之下,拿起刀来向着狗头一劈,把狗杀死了。

之后,忽然听到孩子的声音,又见孩子从床下爬了出来,他于是抱起孩子。虽然孩子身上有血,但并未受伤。

他很奇怪,不知究竟是怎么一回事。再看看狗身上,发现它腿上的肉没有了,旁边有一只狼,口里还咬着狗的肉。狗救了小主人,却被主人误杀了。

禅师此时又说:"天下一切生灵皆为平等,只因一时之念而屠害其命,切记勿因轻心而蒙蔽你的眼睛,切记。"此人当下顿悟。

误会一开始,即一直只想到对方的千错万错。因此,会使误会越陷越深,弄到不可收拾的地步。人对无知的动物发生误会,尚且会有如此可怕的后果。那么人与人之间的误会,则其后果更是难以想象。

不要抱怨已经得到的

秋天的黄昏,阿发信步走向郊外。他发现秋天的足迹在乡村所烙下的景象远比城市美好。

在城市里,生活即使舒适,但有时仍感贫乏;工作即使忙碌,但有时也觉空虚;有快乐也有彷徨,有希望也有失望,总是难得如意。因此,寻访乡野便成为解决烦恼的一种途径。

乡间,正是丰收的季节,田垄上堆着已收割的稻子,农人提着镰刀正将归去,他们松松斗笠,用颈上的毛巾擦着汗,然后嬉笑着走向冒着炊烟的家。

几个黑黝黝的乡童用竹竿打着石榴树上的果实,在溪水里清洗一下,便津津有味地吃起来。

阿发在溪边的一棵树下坐下,鞋上沾满泥巴。一个禅师走过来和他说话。老禅师的态度纯朴而友善,使人不必存有丝毫顾忌。听了他的谈话,阿发更加羡慕乡村的生活了。

老禅师说:"农夫感觉快乐,是因为他们能够适应田间的工作,而且喜欢它。"

阿发不禁自问:如果我到乡下长久生活,也能适应吗?我能忍受风吹日晒?能放弃城市里一些现代化的享受?能吃得消使手磨出茧的工作吗？

老禅师又说："我很乐观，我对生活从不曾抱怨过，我吃自己种的蔬菜和水果，觉得那是世上最好的食物。"

阿发似有所悟地点点头。

许多人看起来生活得很愉快，就是因为他们对生活从不曾抱怨过。乡下人进城感到好奇，城里人下乡觉得新鲜，这都是短暂的。如果你不能适应生活，不能调整心态，你永远都会有烦恼，不论在乡下或城里。

拿自己的那一份

早晨5点，悦净大师出去为自己庙里的葡萄园雇民工。

一个小伙子争着跑了过来。悦净大师与小伙子议定一天10块钱，就派小伙子干活去了。

7点的时候，悦净大师又出去雇了个中年男人，并对他说："你也到我的葡萄园里去吧！一天我给你10块钱。"中年男人就去了。

9点和11点的时候，悦净大师又同样雇来了一个年轻妇女和一个中年妇女。

下午3点的时候，悦净大师又出去，看见一个老头站在那里，就对老头说："为什么你站在这里整天闲着？"

老头对他说："因为没有人雇我。"

悦净大师说："你也到我的葡萄园里去吧！"

到了晚上，悦净大师对他的弟子说："你叫所有的雇工来，分给他们工资，由最后的开始，直到最先的。"

老头首先领了10块钱。

最先被雇的小伙子心想：老头下午才来，都挣10块钱，我起码能挣40块。可是，轮到他的时候，也是10块钱。

小伙子立即就抱怨悦净大师，说："最后雇的老头，不过工作了一个时辰，而你竟把他与干了整整一天的我同等看待，这公平吗？"

悦净大师说："施主！我并没有亏负你，事先你不是和我说好了一天10块钱吗？拿你的走吧！我愿意给这最后来的和给你的一样。难道你不许我拿自己的财物，以我所愿意的方式花吗？或是因为我对别人好，你就眼红呢？"

许多的时候，我们感到不满足和失落，仅仅是因为觉得别人比我们幸运！如果我们安心享受自己的生活，不和别人比较，在生活中就会减少许多无谓的烦恼。

爱，无需刻意去把握

一个即将出嫁的女孩问母亲一个问题："妈妈，婚后我该怎样把握爱人呢？"

母亲听了女儿的问话，温情地笑了笑，然后从地上捧起一捧沙。

女孩发现那捧沙子在母亲的手里，圆圆满满的，没有一点流失，没有一点撒落。

接着，母亲用力将双手握紧，沙子立刻从母亲的指缝间泻落下来。待母亲再把手张开时，原来那捧沙子已所剩无几，原来圆圆的形状也早已被压得变了形，毫无美感可言。

女孩望着母亲手中的沙子，领悟地点点头。

母亲是要告诉她的女儿：爱，无需刻意去把握，越是想抓牢自己的爱人，反而越容易失去自我，失去原则，失去彼此之间应该保持的宽容和谅解，爱也会因此而变得毫无美感，甚至会流逝。

佛经有云：由爱故生忧，由爱故生怖。爱情是美好的，因为害怕失去爱情，所以就产生了担忧。越是担忧，就越容易抓得很紧，到最后就越容易失去。

心有定力功自成

我国古代大文豪苏东坡一向认为自己的定力很高，很是得意，他写了一首诗偈，说：

稽首天中天，毫光照大千。

八风吹不动，端坐紫金莲。

苏东坡自夸一番，然后派仆人划船过江，送给佛印和尚欣赏。不料，佛印接过一看，立即把诗偈掷地，还骂了一句："狗屁不通！"

仆人回去和苏东坡一说，苏东坡气得直吹胡子，马上过江来找佛印评理。

苏东坡来到佛印住地，老远就嚷道："佛印，刚才我派人送诗偈请教，若有不妥之处，只管明白开示，何故出言不逊，说我狗屁不通呢？"

佛印笑着问他："你不是说'八风吹不动'吗？为何我只放了一个屁，你就坐不住了，急着过江来找我算账呢？"

苏东坡一听，这才恍然大悟，心想："我自视定力不错，故言八风吹不动，端坐紫金莲。哪知让这和尚轻轻一扇，自己就沉不住气了，我的定力何在呢？"苏东坡忍不住笑了，只好打趣自嘲："只说八风吹不动，谁知一屁过江来……"

看来，这位大文学家虽写得锦绣文章，心理承受能力还是差些，一有风吹草动，定力全无。

第四章
宠辱不惊——提升心灵修养，缓解生存压力

留意你身边的人和事，许多时候你会发现，有些人真可谓是机关算尽太聪明，凭着那么聪明的头脑，干一番惊天动地的大事业绝对是游刃有余。然而，他们并没有像我们猜想的那样，事业有成，反而总是在生活中屡屡受挫，最后空负了一身才华。原因何在？心无定力。

想买货的人才会挑毛病

小和尚把寺庙里自产的果子拿到集市上去换米，遇到了一位难缠的客人。

"这水果这么烂，一斤也要换二斤米吗？"客人拿着一个水果左看右看。

"我这水果是很不错的，不然你去别家比较比较。"

客人说："一斤水果一斤半米，不然我不换。"

小和尚还是微笑着说："施主，我一斤和你换一斤半米，对刚刚和我交换的人怎么交代呢？"

"可是，你的水果这么烂。"

"不会的，如果是很完美的，可能一斤就换三斤米了。"小和尚依然微笑着。

不论客人的态度如何，小和尚依然面带微笑，而且笑得像第一次那样亲切。

客人虽然嫌东嫌西，最后还是以二斤米换一斤水果的方式换了十斤水果。

有人问小和尚何以能始终面带笑容，小和尚笑着说："只有想买货的人才会指出货如何不好。"

也许我们中的很多人都比不上小和尚，平常有人说我们两句，我们

就已经气在心里了，更不用说微笑以对了。而且在生活中批评指责我们的，往往是我们最亲近的人和最好的朋友。正所谓："良药苦口利于病，忠言逆耳利于行。"

被嫉妒打断的双腿

老和尚患了风湿病，两条腿酸痛不已，他的两个徒弟为了表达孝心，每天轮流替师父按摩双腿。大徒弟负责按摩右腿，小徒弟负责左腿。

老师父很感谢徒弟们的照顾，因此常常在大徒弟面前赞美小徒弟，按摩的手法很灵巧，让他的左腿减少很多疼痛；也在小徒弟面前夸赞大徒弟，按摩时很用心，使他的右腿日渐康复。

老和尚原是一番美意，希望师兄弟彼此勉励，相互学习。可是两个徒弟却误以为师父赞叹对方，就是不喜欢自己，因此双方都产生了强烈的嫉妒心。

有一天大徒弟来按摩时，趁着小师弟出门办事，将老和尚的左腿打断了，心中洋洋得意，这下你没有左腿可以按摩，师父就只能靠我了！

小师弟回来以后，看见自己按摩的左腿被打断，不禁怒火攻心，可恶的师兄，你把我按摩的左腿打断，让我没有机会亲近师父，我也要把你按摩的右腿打断，让你从今以后无法帮师父按摩。

人的嫉妒心像一把双刃的刀，当你举起它时，虽达到了伤害别人的目的，但也使自己鲜血淋漓。

打断师父双腿的两个徒弟，如同世间的人和事，彼此互不相容，互不尊重，为争一口闲气，以致兄弟相残，亲人怨隙疏离，朋友同事仇视以对，就在于不能放开心胸，欢喜别人，赞叹长处，赞叹别人的成就。

世界上最成功的将领，不是打败百万敌军的将军，而是调伏自己内在邪见恶念的魔军的圣贤。在《佛本行集经》中说："若人善巧解战斗，独自伏得百万人。今若能伏自己心，是名世间真斗士。"

嫉妒，会使我们失去灵魂的双腿，走在人间路上，没有支柱，寸步难行。

唯一重要的是现在

一个人在森林中漫游时，突然遇见了一只饥饿的老虎，老虎大吼一声就扑了上来。他立刻用最快的速度逃开，但是老虎紧追不舍，他一直跑，最后被老虎逼到了断崖边。

站在悬崖边上，这个人想："与其被老虎捉到，活活被咬死，还不如跳下悬崖，说不定还有一线生机。"

这个人纵身跳下悬崖，非常幸运地卡在一棵树上。那是长在断崖边的一棵梅树，树上结满了梅子。

正在庆幸之时，他听到断崖深处传来巨大的吼声，往崖底望去，原来有一只凶猛的狮子正抬头看着他。狮子的声音使他心颤，但转念一想："狮子与老虎都是猛兽，我不管被它们谁吃掉，都是一样的。"刚想到这里，又听见一阵声音，仔细一看，原来有一黑一白两只老鼠正用力地咬着梅树的树干。他先是一阵惊慌，立刻又放下心了。他想："被老鼠啃断树干跌死，总比被狮子咬死好。"

情绪平复下来后，他看到梅子长得正好，就采了一些吃起来。他觉得一辈子从没吃过这么好吃的梅子。他找到一个三角形的枝丫休息，心想："既然迟早都要死，不如在死前好好睡上一觉吧！"于是靠在树上沉沉地睡去了。

睡醒之后，这个人发现黑白老鼠不见了，老虎和狮子也不见了。他顺着树枝，小心翼翼地攀上悬崖，终于脱离了险境。原来就在他睡着的时候，饥饿的老虎按捺不住，终于大吼一声，冲着他的方向跳下了悬崖。

黑白老鼠听到老虎的吼声，惊慌地逃走了。倒霉的老虎跳下悬崖时，没能挂在梅树上，而是直接扑在了崖底，狮子扑过来与摔得半死不活的老虎展开激烈的打斗，双双负伤，最后只好各自逃开。

苦难中的感知，总是远比欢乐中的体味更刻骨铭心。生命经历了挣扎、奋进、搏斗以后，又回归了"本色"：自它诞生之日起，便有万般忧愁，活着总是苦多乐少。

无论如何显赫和辉煌，都无法避免生命的苦，而唯一重要的，就是现在。

福神与穷神

有一个美丽的女人，穿着漂亮的衣服来到一个家庭。这家的主人问：

"你是哪一位？"

那女人回答说："我是给人带来富贵的福神。"

主人高兴地请她进屋，给予款待。

随后又有一个衣着简陋、模样丑恶的女人跟着进来。主人问她是谁，她回答说自己是穷神。主人大吃一惊，想要把她赶走。那女人说：

"刚才进来的福神是我的姐姐，我们姐妹从来不分开的，如果把我赶走，我姐姐也就不在了。"

果然，她走后，美丽的福神也就消失了。

有生就有死，有幸福就有灾祸，有好事就有坏事，人们必须懂得这个道理。愚蠢的人只追求幸运，真正的聪明人应超越这两者，对这两者都不执著，从而拥有平常心。

来去随缘

有一天，佛光禅师开讲禅门真谛以后，学僧甲向禅师禀告道："老师！生死事大，要了脱生死，唯有念佛往生净土，故弟子想要到灵岩念佛道场去学念佛法门。"

禅师听后，非常高兴地回答说："很好，你去学净土念佛法门回来，能让此地佛声不断，使我们的道场真正成为莲华世界。"佛光禅师话刚说完，学僧乙起立合掌禀告说："老师，戒住则法住，佛门没有比戒律再重要的事，所以我想到宝华山学戒堂学律法。"

禅师听后，也很高兴，说："很好！你学律法回来，能让我们大家都具有三千威仪，八万细行，真正成为一个六和僧团，真是太好了。"

佛光禅师话音未落，学僧丙亦整衣顶礼说道："老师！学道莫如能即身成就，弟子思前想后，急于到西藏学密去。"

禅师淡淡一笑，答道："很好！密宗讲究即身成佛，等你学密回来，影响所及，我们这里一定有许多人成就金刚不坏身。"

听了佛光禅师和众学僧的对话，一旁的侍者很不以为然，非常不满地问道："老师！您老是当今一代禅师，禅是当初佛陀留下的以心印心的法门，成佛做祖，没有比学道参禅更重要的事，他们应该留下来跟您学禅才对，您老怎可鼓励他们走呢？"

佛光禅师听后，哈哈大笑，说道："我还有你啊！"

与人争论时，我们的目的一般也只是想证明自己是对的，而别人是错的——不是为了增加我们对问题真正的了解和认识。

实际上，我们每个人随着年龄的增长，都或多或少会有一些偏见。其中，最明显的偏见是对与自己意见不同的人感到害怕和怀疑，心底里恐惧这会侵犯到我们。然而，随着我们的成熟和经验的增多，我们可能会慢慢发现：其实，宽容他人会带给我们更多。

对观点不同的看法做到宽容，意味着要有很大的灵活性，要用更开阔和更合理的认识来修正或增益我们的心灵。

聋人和盲人

有一处地势险恶的峡谷，涧底奔腾着湍急的水流，而所谓的桥则是几根横亘在悬崖峭壁间光秃秃的铁索。

一行四人来到桥头，一个盲人、一个聋子以及两个耳聪目明的正常人。四个人一个接一个抓住铁索，凌空行进。

结果呢？盲人、聋子过了桥，一个耳聪目明的人险些过不了桥，另一个则跌下深渊丧命。

难道耳聪目明的人还不如盲人、聋人吗？

是的！他的弱点恰恰在于耳聪目明。

盲人说："我眼睛看不见，不知山高桥险，心平气和地攀索。"

聋人说："我耳朵听不见，不闻脚下咆哮怒吼，恐惧相对减少了很多。"

在不可改变的现实条件下，尝试忍受不公平的待遇，以平常的心态对待。

这是人生的一种境界，是我们努力追求的方向。

从这种境界入手，可以趋入禅机。

这样就拥有了无所畏惧的心态。

第五章
无欲无求——忘记尘世的喧嚣

禅诗有云:春有百花秋有月,夏有凉风冬有雪。若无闲事挂心头,便是人间好时节。境由心生,只有内心归于平静才可感受到人生的美好,心灵一旦被物欲所牵,就等于被蛛网所系,一生不得挣脱,而克制欲望,保持淡泊之心则可让人趋于平静。明白事理:功名利禄,荣华富贵均是身外之物,不可没有,亦不可强求。如此,你的内心则可以获得释然。

淡有淡的味

有一位富翁来到一个美丽寂静的小岛上,见到当地的一位农民,就问道:"你们在这里都做些什么呀?"

"我们在这里种田过活呀!"农民回答道。

富翁说:"种田有什么意思呀?而且还那么辛苦!"

"那你来这里做什么?"农民反问道。

富翁回答:"我来这里是为了欣赏风景,享受与大自然同在的感觉。我平时忙于赚钱,就是为了日后要过这样的生活。"

农民笑着说:"数十年来,我们虽然没有赚很多钱,但是我们却一直都过着这样的日子啊!"

听了农民的话,这位富翁陷入了沉思。

也许,生活简单一点,心理负荷就会减轻一些。外出到远方,眼前的繁华美景,不过是一时的安乐,与其辛苦地去更换一个环境,不如换一个心境,任人世物转星移,沧海桑田,做个安贫乐道的无事之人。

所以,人要真正获得自在、宁静,最要紧的就是安贫乐道。春秋战国时代的颜回"一瓢饮,一箪食,人不堪其忧,而回亦不改其乐"是一种安贫乐道;东晋田园诗人陶渊明"采菊东篱下,悠然见南山"是一种安贫乐道;近代弘一法师"咸有咸的味,淡有淡的味"也是一种安贫乐道。

欲念一生福自去

在巴拉圭有一对即将结婚的年轻人,很高兴地大喊大叫、相互拥抱,因为他们中了一张"高额彩券",奖金是7.5万美金。

可是,这对马上要结婚的新人,在中奖后不久就为了"谁该拥有这笔意外之财"而闹翻了。两人大吵一架,并不惜撕破脸、闹上法庭。为什么呢?因为这张彩券当时是握在未婚妻的手中,但是未婚夫则气愤地告诉法官:"那张彩券是我买的,后来她把彩券放入她的皮包内,但我也没说什么,因为她是我的未婚妻嘛!可是,她竟然这么无耻、不要脸,居然敢说彩券是她的,是她买的!"

这对未婚夫妻在公堂上大声吵闹,各说各话,丝毫不妥协、不让步,让法官伤透脑筋。最后,法官下令,在尚未确定"谁是谁非"之时,发行彩券单位暂时不准发出这笔奖金。而两位原本马上要结婚的佳偶,因争夺奖券的归属而变成怨偶,双方也决定取消婚约。

有人说:"结婚,经常不是为了钱;离婚,却经常是为了钱!"

的确,人的私心、贪婪、嫉妒,常使人跌倒,重重地跌在自己"恶念"的祸害里。

事实上,我们所拥有的,并不是太少,而是欲望太多。欲望太多的结果,就使自己不满足、不知足,甚至憎恨别人所拥有的,或嫉妒别人拥有的比我们更多,以致心里产生忧愁、愤怒和不平衡。

藏在衣服里的珠宝

从前,一个穷汉去拜访亲戚,受到热情的款待,以至于喝得酩酊大醉,在座位上酣酣睡去。刚巧,那位亲戚因为公事,必须立即外出,眼看着那个穷亲戚醉得人事不省,就把价值非常昂贵的珠宝缝在他的衣服里,匆匆离去。

这个穷汉已经烂醉如泥,哪里知道这件事情。醉醒之后,他便起身回去了。他仍然一贫如洗,生活潦倒,仅能糊口。

这时穷汉仍然不知道自己衣服里藏有价值连城的珠宝。后来,在一个偶然的机会里又碰见那位亲戚。对方目睹他衣衫褴褛的样子,不禁叹息道:

"那年你来我家里时,我曾把一枚价值连城的珠宝缝在你的衣服里。本想着你会从此富有起来,可是因你毫不知情,所以直到现在还在为衣食奔波劳碌!"

曾几何时,佛将一切智慧送给世人,可惜大家却不知不觉,仍然劳劳碌碌、糊里糊涂地奔波在人生的旅途中。

一匹马带来的烦恼

从前有座山,山上有个庙,庙里有个老和尚和一个小和尚。小和尚建议师父:"如果买一匹马,您就不用整天这么劳累奔波了,可以轻松很多。"

第五章
无欲无求——忘记尘世的喧嚣

老和尚如愿以偿地买到了马匹,中午正想美美地睡个午觉,突然,小和尚跑了进来,说道:"师父,我们忘了一件事,今晚马儿睡哪儿呀?我们应该给马儿建个马棚。"

老和尚想,徒儿的建议很有道理,很及时。

于是,老和尚决定,马上就给马儿建个马棚。

马棚终于建好了,老和尚累了一天,正想躺下好好休息一下,小和尚又跑到跟前,说道:"师父,马棚虽然建好了,但是你整天忙于化缘,而我又要学禅,平时谁来养马呀!我们还少一个养马的。"

老和尚想,徒儿的建议有道理,很及时。

于是,老和尚决定聘请一个马倌。

第二天,老和尚刚睡醒,小和尚跑了进来,说道:"师父,今天我又想起一件事,以前庙里就咱俩,饱一顿饿一顿的,很好打发。可现在,人变多了,我们应该再请一个厨师呀!"

老和尚想了一下,觉得小和尚的建议的确有道理,也很及时。

于是,老和尚决定,聘请了一个厨师兼保姆。吃完早饭,老和尚正准备外出讲经,小和尚跑到跟前,说道:"师父,厨师已经请来了。不过,他说庙里没有厨房,让我们赶紧造一间,他还说,他年老力衰,又不会算账,让我们再请一个伙计,帮他买买菜,打个下手。"

突然间,老和尚悟出了什么,想道:"以前的日子多简单、多轻松呀……"他对小和尚说:"这匹马只会让我觉得更累,赶快卖了它吧。"

<u>生活中总是有很多的需要。但有些东西并不是我们真正需要的,辛苦地购置之后,才发现在实际的生活中并没有使用价值,反而还带来更多的负担,与其为其所累,倒不如果断地摆脱它。</u>

价值 20 美金的时间

一位爸爸下班回家很晚了,很累并有点烦,发现他 5 岁的儿子靠在门旁等他。"我可以问你一个问题吗?"

"什么问题?"

"爸,你 1 小时可以赚多少钱?"

"这与你无关,你为什么问这个问题?"父亲生气地说。

"我只是想知道,请告诉我,你 1 小时赚多少钱?"小孩哀求。

"假如你一定要知道的话,我 1 小时赚 20 美金。"

"喔,"小孩低下了头,接着又说,"爸,可以借我 10 美金吗?"

父亲发怒了:"如果你问这问题只是要借钱去买毫无意义的玩具的话,给我回到你的房间并上床,好好想想为什么你会那么自私。我每天长时间辛苦工作着,没时间和你玩小孩子的游戏。"

小孩安静地回自己房间并关上门。

父亲坐下来还很生气。约一小时后,他平静下来了,开始想着他可能对孩子太凶了——或许孩子真的很想买什么东西,再说他平时很少要过钱。

父亲走进小孩的房间,问:"你睡了吗,孩子?"

"爸,还没有睡,我还醒着。"小孩回答。

"我刚刚可能对你太凶了,"父亲说,"我将今天的气都爆发出来了——这是你要的 10 美金。"

"爸,谢谢你。"小孩欢叫着从枕头下拿出一些被弄皱的钞票,慢慢地数着。

"为什么你已经有钱了还要?"父亲生气地说。

"因为这之前不够，但我现在足够了。"小孩回答，"爸，我现在有20块钱了，我可以向你买一个小时的时间吗？明天请早一点回家——我想和你一起吃晚餐。"

与你所爱的人分享这个故事，与你的家人分享这价值20美金的时间。辛苦而繁忙的工作常常让我们忽视了生命中最宝贵的亲情，失去了亲人的爱和依恋，那我们的工作又有什么意义。珍惜你所拥有的，不要等亲人成了陌生人，再想着去挽回，到那时，一切都已经来不及了。

找一处空旷

一个很有爱心的人，在沙漠里安装了一部公用电话。

其初衷当然是为了那些偶尔经过的人，可以使用它来接通城市，以满足物质的、心理的种种需求甚至援救。

住得离这部公用电话最近的人名叫查理，他家离电话亭约10公里。有一天他经过这儿，听见电话铃声在响……

那个人显然是拨错号了，但他与接听电话的查理聊了一会儿，聊得挺愉快。后来查理经过时，只要听到电话铃声在响，就去接听，他和每个打进电话来的人都聊得很愉快。但心里不免奇怪，自己与那些人素不相识，他们都是来找谁的呢？

有一段时间查理试着不去接那个电话，渐渐地他发现，无论接与不接，那电话总是在响，就像都市里的心理热线那样。

久居沙漠的查理当然不知道，对于都市人，这电话还真有点类似心理热线的作用。身居闹市的他们凭借一根电话线接通了一片空旷，如果正好查理来接，他们可以聆听那寂静无边的美妙声响；如果没人接听，就正好证实了那里空无一人。他们本来就不是想找什么人，而是想找一处空旷，一处可供心灵迷失片刻的地方。

查理更想不到的是，这个电话号码如今已被贴在互联网上，很多人都在拨打它。结果是，那头电话铃声整天响个不停，这头拨号时常遭遇忙音。为了找一处空旷，人们争先恐后，拥挤如斯。

人们生活在拥挤而嘈杂的都市，但彼此的心灵距离却越来越远，虽然，大家都渴望交流和倾诉，却找不到合适的对象；大家想要找一个安静与空旷的地方却不可得。这是谁造成的？其实正是我们自己。

金子与石头

有个守财奴把自己的全部家当换成了一块金子，把它埋在墙角下的一个洞里，而且每天都要看一次。由于他总要去那里，渐渐地引起了别人的注意，发现了这个秘密，终于趁他不备偷走了金子。守财奴再去时，金子已经不在，于是他放声大哭。

明醒大师见他如此难过，就安慰他说："金子埋在那里不用，和石头有什么分别，这样吧，你再埋一块石头在那里，拿它当金子不就行了吗？"

金子如果放置不用，自然无法发挥作用，无异于石头一块，所以明醒大师所说的确实很有道理。可是守财奴偏偏就想不通。

宰相与军吏

明朝天启初年，京师正阳门有一位老军人，看守一间舡铺，鳏居无子。每年可领到十石米粮，他留存四石供日常食用，将剩余的六石变

卖，购买薪柴蔬菜等，闲居无事，每天焚香诵《金刚经》。

当朝的宰相每次身穿锦衣，乘坐大轿，前面有随从开道，浩浩荡荡地经过那儿时，一听到老军人的诵经声，往往慨叹说："他要诵经很容易，而我却很难，我享受不到他这个福分。"

老军人后来活到73岁，无疾而终。虽是炎热的6月，尸体却毫不臭秽，更没有飞蝇聚集，京师里的贵人看了都惊奇赞叹，后来大家出钱为他择地安葬。

<u>处于太平盛世，不求闻达，又能无事一身轻，得自由身，所得足够一身温饱，乃是人间仙福，为出世正因，岂是一世的公卿富贵所能相比？</u>

只要适合自己就不糟糕

美国梭罗博物馆曾在互联网上搞了一次测试，题目是：你认为亨利·梭罗的一生很糟糕吗？最后，共有467432人参加了测试，结果是这样的：92.3%的人点击了"否"，5.6%的人点击了"是"，2.1%的人点击了"不清楚"。

这一结果大大出乎主办者的预料。大家都知道，梭罗毕业于哈佛大学，他没有像他的其他同学那样，去经商发财或走向政界成为明星，而是选择了瓦尔登湖。他在那儿搭起小木屋，开荒种地，写作看书，过着原始而简朴的生活。他在世44年，没有女人爱他，没有出版商赏识他，直到他得肺病死去。

就是这样的一个人，世界上竟有那么多人认为他的生活并不糟糕。难道这些点击者的生活还不如当时的梭罗吗？显然不是，因为从点击者显示的国籍来看，他们大多来自西欧及北美。这些地方的穷人，也远比

当时的梭罗富裕，那么，是什么使他们羡慕起梭罗呢？

　　为了搞清原因，梭罗博物馆在网上首先访问了一位商人，商人回答说："我从小就喜欢印象派大师们的绘画，我的愿望就是做一名画家，可是为了挣钱，我却成了画商，现在我天天都有一种走错路的感觉。梭罗不一样，他喜爱大自然，就义无反顾地走向了大自然，他应该是幸福的。"

　　接着他们又访问了一位作家，作家说："我天生喜欢写作，现在成了作家，我非常满意；梭罗也是这样，所以他的生活不会太糟糕。"

　　后来他们又访问了其他一些人，比如，银行经理、饭店厨师以及牧师、学生和政府职员等，其中一个人是这样留言的："别说梭罗的生活，就是梵高的生活，也比我现在的生活值得羡慕，因为他们没有违背上帝的意旨，他们都活在自己该活的领域，做自己喜欢做的事，他们是自己真正的主宰。而我却为了过上某种更富裕的生活，在烦躁和不情愿中日复一日地忙碌。"

　　的确，一种生活，只要适合自己，只要有自己喜欢的内容，就是最好的生活，何必踏破铁鞋去寻找那些离你十万八千里的遥不可及的生活目标呢？

欲望是人们堕落的源头

　　慧远禅师年轻时喜欢四处云游。

　　20岁那年在行路途中，慧远禅师遇到了一位嗜烟的路人，两个人结伴走了很长的一段山路，然后都坐在树边休息。那位路人给了慧远禅师一袋烟，慧远禅师高兴地接受了路人的馈赠，然后他们就开始了闲聊。由于谈得很投机，那人便送给他一根烟管和一些烟草。

慧远禅师与路人分开之后，心想："这个东西令人十分舒服，肯定会打扰我禅定，时间长了一定会养成恶习，所以还是趁早戒掉的好。"于是就把路人送给他的烟管和烟草全部都扔掉了。

之后，他又迷上了书法和诗歌，每天钻研，竟也小有所成，有几位书法家和诗人居然对他的书法、诗赞不绝口。但是他转念又想到："我又偏离了自己的正道，再这样下去，我很有可能成为一名书法家或诗人，而不是一位禅师。"

从此，他不再舞文弄墨、习字赋诗，并且放弃了一切与禅无关的东西，一心参悟，终于成为一位著名的禅宗大师。

致力于自己所努力的方向和目标，一路上不为外物所惑动、所引诱，唯有控制自己的欲望，方能成就自我的追求。"欲望"可以是推动人们向上的一股力量，也可以是人们堕落的源头。

别让贪婪毁了你

有一个农民想买一块土地，他打听到有个地方的人想卖地，于是就到了那里，向当地人询问土地的价格。

当地人说："只要交两个金币，给你一天的时间，从太阳升起的时候算起，直到太阳落下地平线，你能用步子圈多大的地，这些地就都归你了。但是在太阳落下地平线之前不能回到起点的话，这些土地你将一寸也得不到。"

农民心里想："那我辛苦一点，多走一些路，就可以圈更大的土地了，这样的生意实在是太划得来了。"于是他就和当地人签订了合约。

天刚刚亮，他就迈着大步向前奔走，到了中午，他也顾不得吃饭，当回头时他已经看不见出发的地方了。但是他仍然不停地往前走，心里在想："再忍耐一点，以后就可以多享受一点了。"

他又走了好远的路，眼看太阳就要落山了，他心里非常着急，因为太阳下山之前他赶不到起点，这些土地将不属于他了。于是他大步往回赶，可是太阳很快就要落到地平线以下了，终于他耗尽了全身的力气，在回到起点之前倒下了。

贪婪是人的本性。因为贪婪，无论穷人还是富人，都被金钱驱使和奴役。一生的幸福在没有来得及享受时就快速消逝。没有了生命何谈金钱和自由？所以，人不应该太贪婪，在有生之年让自己充分享受到活着的自由和快乐才是最重要的。

拒绝金钱的锈蚀

一天，一个拥有着巨额钱财的守财奴去拉比那里乞求祝福。拉比先让他站在窗前，透过玻璃去看外面的街道，然后问他到底看到了什么，守财奴回答说："看到了满街的人。"

接着拉比又把他带到了一面镜子前，问他又看到了什么，守财奴回答说："只看到了我自己。"

于是，拉比对这个守财奴说："窗户和镜子，它们都是用玻璃做的，只不过镜子的上面又多镀了一层银。所以窗户让我们看到了别人，而镜子则因为多了这层银就只能让我们看到自己了。"

所以，世人应时刻保持一份对自己和对金钱的清醒，不要让金钱腐蚀了自己的心灵，尽管你无须成为佛家的一分子，成为一个出世之人，但能够保持一种心灵的澄澈终归是好的。

知道自己有什么

一青年老是埋怨自己时运不济发不了财,终日愁眉不展。这天,来了一个老和尚,问他:"年轻人,你为何不高兴?"

"我不明白为什么我总是那么穷。"

"穷?你很富有嘛。"老和尚由衷地说。

"这从何说起?"年轻人问。

老和尚不正面回答,反问道:"假如今天斩掉你一个手指头,给你1000元,你干不干?"

"不干。"

"斩掉你一只手,给你1000元,你干不干?"

"不干。"

"让你马上变成80岁的老人,给你1000万,干不干?"

"不干。"

"让你马上死掉,给你1000万,干不干?"

"不干。"

"这就对了。你已经有了超过1000万的财富了,为什么还哀叹自己贫穷呢?"老和尚笑着问。

不要抱怨家庭的贫寒,不要抱怨时运不济,不要怨天尤人。有一种资本是用金钱买不到的:这就是年轻。身体是一部不停运转的机器,因为年轻,它还是崭新的,只要你运用得当,就能不断地创造价值,所以不必为暂时的不得意而垂头丧气,只要不让机器闲置,成功早晚会降临在你头上。

黄金毒蛇

一天，释尊带着阿难在舍卫国的原野上漫步。

释尊忽然停步说："阿难，你看前面的田埂上，那块小丘下藏着可怕的毒蛇！"

阿难停下了脚步，随着释尊手指的方向望去，看了之后也说："果然有条可怕的大毒蛇。"

这时附近有个农夫在耕田，他听见了释尊和阿难的对话，听说田里有条毒蛇，便走向前探看，在那块小丘似的土包下，发现了埋在土里的一坛黄金。

"明明是一坛金子，可这些和尚偏偏说是毒蛇，真不懂他们怎么想的。谁能有我这样的运气，锄地锄得一坛黄金，带回家去，下辈子也不愁吃喝了。"农夫一边自言自语，一边挖出那坛金子，匆匆带回家去。

原先穷困潦倒的农夫连一日三餐都成问题，现在突然发了笔横财，自然乐不可支，开始大量地添置着新衣、家具，顿顿都吃精美的食物。同村的农夫们颇感疑惑，流言四起，一传十，十传百，没过多久就传到官府，官吏把他找来问话说："听说你向来很穷，最近一夜之间成了大富翁。这钱是从哪里来的，是偷的吗？快从实招来。"

农夫无法回答，被扣在官府，整日逼问，不胜其烦，但又无法证明自己不是小偷。家人花钱买通官吏，只希望能保住他一条性命，但所有的钱都花光了，仍然救不出他。

农夫最终被宣判了死刑。受刑这天，农夫望见断头台，心中恐惧万分，口里不断叫嚷道："那的确是条毒蛇啊，阿难！真是条大毒蛇啊，释尊！"

官吏听见这怪异的言论，认为其中必有缘故，就将此事禀告了国王。

国王把农夫叫来问道："你犯了偷盗罪，受刑时不断地叫嚷：'那的确是条毒蛇啊，阿难！真是条大毒蛇啊，释尊！'到底是什么意思？"

农夫惶恐地禀告国王说："大王啊！有一天我正在田里耕作，释尊带着弟子阿难从这里经过。他们看见埋藏黄金的地方，都说有条毒蛇，是条大毒蛇，可我却不相信，偏偏挖起金子搬回家里。我今天落到这个地步，才明白黄金是条大毒蛇的真谛。黄金能使我富贵，也能使我丧命，它实在比大毒蛇更可怕啊！"

人为财死，鸟为食亡。都是贪念惹的祸，人对金钱的欲望一旦无休止地膨胀起来就会迷失自己的心性。

见好不收

美国田径名将卡尔·刘易斯曾获得过9枚奥运金牌。

1992年巴塞罗那奥运会上，年届32岁的刘易斯拿到了他的第8枚奥运会金牌，在一般人看来，他应该急流勇退、见好就收了。

可刘易斯不，因而引出了他3年来连续不断的败绩。在令人瞩目的赛事上，他不是无权参赛，就是在首轮就被淘汰，惹得刻薄而势利的传媒说："老刘""堕落"到谁都敢输的地步。而勉强以第3名的身份拼到参赛资格的刘易斯在亚特兰大奥运会上，却再次夺得了世界冠军。

如果说人生如棋，那么输了就不来了的人，是懦夫；赢了就不来了的人，叫做见好就收。见好就收的人是聪明人，见好不收的人同样也可能是人杰。

穷人、富人和乞丐

在某地的杨姓家族史里，记载着三个关于葬礼的故事。他们的祖先里有一个富人、一个穷人和一个乞丐，这三个人是邻居。乞丐光棍一条，父母早亡，从小乞讨，长大了当然没有结婚生子；穷人有幸娶了邻村的丑姑娘，生了不少孩子，结果只养活了一个儿子；富人生了三个儿子，儿子们长大了也是富人，个个都有出息。

到老的时候，富人、穷人和乞丐碰巧在一个月内先后死去。乞丐最先死，死在去外乡乞讨的路上。由于乞丐没儿没女，也没有人去收尸，被好心的过路人用一个破旧的草席卷了起来，扔在了野地里，简简单单埋了一下。几天后，乞丐的坟就被野狗和老鹰扒开了，吃去腐肉，只剩下一堆白骨。穷人死后，他唯一的儿子告知了父亲生前的几个亲朋好友，按照村里的习俗把他埋了起来。富人死后，他的三个儿子悲哀无比，请了和尚来大做法事，吊丧的亲朋好友从四面八方涌来。据说这成了轰动一时的丧事，这样盛大的丧事百年难遇。做丧事的同时，三个儿子请来最好的工匠给父亲做一副特制棺材，外面建了一个坚固无比的坟墓，坟墓外修建了亭台楼阁，外表豪华气派，和他们这样的大户人家很相配。

轰动的丧事却引来了强盗，几百里之外的强盗打听到这里有个大户人家大做丧事。在做完丧事不到两个月的一个漆黑夜晚，强盗打着火把骑着大马冲进村里，把富人的庄院洗劫一空。回头还掘了富人的坟，掠夺了里面陪葬的金银珠宝，一把火烧毁了坟墓外的亭台楼阁。更可恶的是那伙强盗把富人的尸体拖走，扔到了几十里外的荒野里，直到七天以后三个儿子才找到富人破碎的衣衫，此时富人的腐肉也被老鹰和野狗吞光了，只剩下白骨和衣服残片。

乞丐和富人的残骸早就不知所终了，经过若干年的风风雨雨，至今那个穷人的墓还在。

人这一辈子不能无所求，否则最终就会像那个乞丐一样，变得两手空空，一无所有，最终抛尸荒野。但若是我们太在乎人生的是是非非、荣华富贵，并拼命想固守这些东西，想造一个世界上最坚固的坟墓来固守那些身外之物，结果也只能是固守越严，失去越快。

按门铃

有一个性子特别急的年轻人去拜访一位朋友，他来到朋友楼下，按响了朋友家的对讲门铃。

门铃响了两声，里面没有动静，他等不及了，就返身回家。刚刚走了几步，他又觉得这样回去不甘心，于是又返回来重新按门铃。

这一次他还是没有耐心，门铃只响了两下他又等不及了。

但是走了几步，他又返回来了。

这次他刚把门铃按响，还没反应过来是怎么回事，就觉得脖子一凉，浑身上下被冷水浇了个透！

原来朋友一直在家，几次来开门外面都没有动静，他怀疑有人捣乱，就从楼上向下面泼了一瓢冷水，作为报复。

这样去按朋友的门铃会被泼一瓢冷水，那么这样按命运的门铃，又怎能不被命运浇一瓢冷水呢？

生活有时候是需要等待的，尤其是在命运的门前，不妨多拿出一点耐心，哪怕多等一天、多等一个小时、多等一分钟，结果可能就会截然不同。

给菩萨的信

在谷地的一座小山包上，住着老张大叔一家。

一阵狂风暴雨将他种的粮食毁于一旦。无计可施的张大叔想起了菩萨，决定给菩萨写一封求救信。

于是，老张大叔立刻拿起笔来写信，并准备亲自拿信到城里的邮局去投寄。

"菩萨，"他写道，"如果您不搭救，我们全家今年就要挨饿。我需要1000元钱买种子，买粮食，以便在地里重新播种，维持生活，因为雹灾……"

他在信封上只写了三个字："菩萨收"。他把信装进信封以后，便带着一种难以平静的心情进城去了。到了邮局，他买了张邮票贴在信封上，把信投进邮箱里。

邮局里有个善良的雇员，他既当邮差，又兼打杂。他从邮箱里取出了那封寄给菩萨的信，被感动了。

为了不使老张这信仰的奇迹幻灭，邮递员心中升起了一个念头：他拿出了自己的部分薪金。但是，他无法凑够1000元这样一大笔钱。他寄给老张的钱只有其所需数目的一半多一点。他把钱装进信封，写上收信人的姓名和地址，并写了一封信。信上什么话也没有，只有一个签名：菩萨。

几天后，老张大叔急着打听他的信件，早早就来到了邮局。把信交给他之后，邮递员站在邮局门口的台阶上看着，心里甜滋滋的——谁做了好事不感到愉快？

老张大叔对菩萨给他寄钱的事是深信不疑的，所以，当他看见信封

里装有一沓钞票的时候,脸上一点惊异的表情也没有。等到数清了钞票的数目,他竟生起气来:难道连菩萨也出差错,克扣他所需要的金钱吗?这是绝不可能的事!

老张大叔转身走到柜台前,要来纸张、笔墨,在那张公用写字台上把信纸一摊,又挥起笔来。他眉头紧锁,沉思默想,显然是在寻找字句,来表达他那激愤的感情。

信一投进邮箱,邮递员就走过去把它取了出来。信是这样写的:

菩萨:

我要的钱没有如数收到,只收到 700 元。请再寄 300 元,我急需使用。下次付款切勿邮寄,因为邮局这帮家伙都是盗贼,没有一个好东西。

<u>在生活中,我们误解别人和被别人误解的时候太多了。有时候想做好事,却招致别人的猜忌;有些人宁可相信菩萨,也不相信身边的热心人。</u>

福往者福来

老家有一座小小的寺庙,曰洪山禅寺。那是一幽静的去处。我不信佛,但我爱去寺庙里读书散步、清净内心。

有一段日子,我情绪低迷,在家小憩。忽一日,我想到了去寺庙,那里香客不断,檀香馥郁。再看香客们的脸,一张张写满坦然、安详、幸福,我有些嫉妒,又有些疑惑:莫非佛门真乃净地,果真能擦拭众人的心灵?

信步流连中,但见在一枯树下潜心打坐的佛门老者,那入迷之态止住了我的脚步。走近细看,老者那面露慈祥却心纳天下的表情强烈地震

撼了我——原来，一个人能心态安详地活着是多么的美好。

我悄悄地坐在了老者身边，惴惴然向老者讨教开悟。我向老者谈了我心中的苦痛，然后说，为什么现代人都会如我般嘘叹：人与人之间居心叵测，纷争不停？

老者拈须而笑，没作详解，却是铿锵而悠长地说："我送你一句佛语吧——爱出者爱返，福往者福来！"

爱出者爱返，福往者福来！且看芸芸众生，许多的失意和烦扰不都是在苛求得到中萌生的吗？去做那个施人以爱、赐人以福的人，你的精神愉悦舒张了，而最终爱心和福祉又会回到你的身边。

敞开心灵的栅栏

玛丽的丈夫因脑瘤去世后，她变得郁郁寡欢，脾气暴躁，以后的几年，她的脸一直紧绷绷的。

一天，玛丽在小镇拥挤的路上开车，忽然发现一幢房子周围竖起一道新的栅栏。那房子已有一百多年的历史，颜色变白，有很大的门廊，过去一直隐藏在路后面。如今马路扩展，街口竖起了红绿灯，小镇已颇有些城市的味道，只是这座漂亮房子前的大院已被蚕食得所剩无几了。

水泥地总是打扫得干干净净，院内绽开着鲜艳的花朵。一个系着围裙、身材瘦小的女人，经常会在那里侍弄鲜花，修剪草坪。

玛丽每次经过那房子，总要看看迅速竖立起来的栅栏。一位年老的木匠还搭建了一个玫瑰花阁架和一个凉亭，并漆成雪白色，与房子很相称。

一天她在路边停下车，长久地凝视着栅栏。木匠高超的手艺令她惊叹不已。她实在不忍离去，索性熄了火，走上前去，抚摸栅栏。它们还

第五章
无欲无求——忘记尘世的喧嚣

散发着油漆味。里面的那个女人正试图启动一台割草机。

"喂！"玛丽一边喊，一边挥着手。

"嘿，亲爱的。"里面那个女人站起身，在围裙上擦了擦手。

"我在看你的栅栏，真是太美了。"

那位陌生的女子微笑道："来门廊里坐一会儿吧，我告诉你栅栏的故事。"

她们走上后门台阶，当栅栏门打开的那一刻，玛丽欣喜万分，她终于来到这美丽房子的门廊，喝着冰茶，周围是不同寻常又赏心悦目的栅栏。"这栅栏其实不是为我设的。"那妇人直率地说道，"我独自一人生活，可有许多人来这里，他们喜欢看到真正漂亮的东西，有些人见到这栅栏后便向我挥手，几个像你这样的人甚至走进来，坐在门廊里跟我聊天。"

"可面前这条路加宽后，这儿发生了那么多变化，你难道不介意？"

"变化是生活中的一部分，也是铸造个性的因素，亲爱的。当你不喜欢的事情发生后，你面临两个选择：要么痛苦愤怒，要么振奋前进。"当玛丽起身离开时，那位女子说："任何时候都欢迎你来做客，请别把栅栏门关上，这样看上去很友善。"

玛丽把门半掩住，然后启动车子。内心深处有种新的感受，但是没法用语言表达，只是感到，在她那颗愤怒之心的四周，一道坚硬的围墙轰然倒塌，取而代之的是整洁雪白的栅栏。她也打算把自家的栅栏门开着，对任何准备走近她的人表示出友善和欢迎。

没有人会为你设限，人生真正的劲敌，其实是你自己。别人不会对你封锁沟通的桥梁，可是，如果你自我封闭，又如何能得到别人的友爱和关怀。走出自己狭小的空间，敞开你的心扉，用真心去面对身边的每一个人，收获友情的同时，你眼中的世界会更加美好。

拥有便是损失

有一位禅师，每天早上经过一个豆腐坊时，都能听到屋里传出愉快的歌声。这天，他忍不住走进豆腐坊，看到一对小夫妻正在辛勤劳作。禅师怜悯之心大发，说："你们这样辛苦，只能唱歌消烦，我愿意帮助你们，让你们过上真正快乐的生活。"说完，放下了一大笔钱，送给小夫妻。这天夜里，禅师躺在床上想："这对小夫妻不知道明天会是什么样子，我须仔细观察一下，看他们是否能够摆脱金钱的诱惑。"第二天一早，禅师又经过豆腐坊，却没有听到小夫妻俩的歌声。他想，"他们可能激动得一夜没睡好，今天要睡懒觉了。"但第二天、第三天，还是没有歌声。就在这时，那做豆腐的男人出来了，拿着那些钱，一见禅师便急忙说道："禅师我正要去找你，还你的钱。"禅师问："为什么？"年轻的做豆腐的师傅说："没有这些钱时，我们每天做豆腐卖，虽然辛苦，但心里非常踏实。自从拿了这一大笔钱，我和妻子反而不知如何是好了——我们还要做豆腐吗？不做豆腐，那我们的快乐在哪里呢？如果还做豆腐，我们就能养活自己，要这么多钱做什么呢？放在屋里，又怕它丢了；做大买卖，我们又没有那个能力和兴趣。所以还是还给你吧！"禅师听后微微一笑说：看来你们已经有所悟了。第二天，当他再次经过豆腐坊时，听到里边又传出了小夫妻俩的歌声。

拥有更多的财富，是许许多多人的奋斗目标。财富的多寡，也成为衡量一个人才干和价值的尺度。当一个人被列入世界财富榜时，会引起多少人的艳美。但对于个人来说，过多的财富是没有多少用的，除非你是为了社会在创造财富，并把多余的财富贡献给了社会。但丁说："拥有便是损失。"财富的拥有超过了个人所需的限度，那么，拥有越多，损失就越多。

第六章
素心做人——君子与其练达,不若朴鲁

物欲横流的世界,我们感叹人情之冷淡,世俗之无奈。冷若冰霜成了一种习惯,"事不关己,高高挂起",朋友,侠肠义胆的朋友究竟还有几许?不敢贸然给予回答。但是若以一份至诚之心,火热之心,与人为善之心,一份侠肝义胆的忠心去与人交朋友,不愁同样侠肠义胆的朋友不遍地开花。

人生何妨随缘而定

一个和尚因为耐不住佛家的寂寞下山还俗去了。

不到一个月,因为耐不得尘世的口舌,又上山了。

不到一个月,又因不耐寂寞还俗去了。

如此三番,老僧就对他说:"你干脆不必信佛,脱去袈裟;也不必认真去做俗人,就在庙宇和尘世之间的凉亭那里设一个去处,卖茶如何?"

这个还俗的人就讨了媳妇,支起一个茶店。日子过得红红火火。其实,人生中的前进与后退没有定式。

假如,生活无法让你继续前进或者连退路都难以走通,那你不妨随缘而定。

其实,人生有些事强求不来,实在做不到何不放弃,如果钻牛角尖不放,那么也就等同于放弃了在其他事情上成功的机会。

贤者之心有如山石

一天,钓鱼人看见一个老和尚在凛冽的寒风中过河。老和尚把自己脱得一丝不挂,然后顶着衣服一步一步走下水去。

钓鱼人喊住老和尚说:"师父,上游有桥。"

老和尚说:"知道。"

他又说:"师父,下游有渡。"

老和尚还说:"知道。"

但老和尚没有回来,他一步一步远去,在呼啸的寒风中走向对岸。

在老和尚之前和老和尚之后,有无数青年也要过河,但到河边他们就停下了。他们问钓鱼人附近有桥吗?钓鱼人说:"上游十里有桥,下游十里有渡。"

年轻人听了,立即离开河边,或上或下绕道而去。有一个人或许嫌路远,没走,他脱了鞋,一步一步走进水里。当冰冷的河水没过膝盖时,那人停住了,继而,又一步一步回到岸上,穿好鞋离开河边绕道而去。

也许在我们前进的过程中,会有许许多多的艰难险阻。是选择绕道而行,还是直面困难?我们应该向目标的方向勇往直前,无论前面有多少荆棘。

佛说:"贤者能看破放下,不因为有人讥毁而伤心,不因为有人称誉而欢喜。贤者之心,有如山石,虽有大风,亦不动摇;亦即有讥毁贤者,有称誉贤者,贤者皆不动心。"

立即做该做的事

一位老农的农田当中,一直横亘着一块大石头。这块石头碰断了老农的好几把犁头以及其他的农具。老农对此无可奈何,巨石成了他种田时挥之不去的心病。

一天,在又一把犁头打坏之后,想起巨石给他带来的无尽麻烦,老农终于下决心处理掉这块巨石。于是,他找来撬棍伸进巨石底下,这时却惊讶地发现,石头埋在地里并没有想象的那么深、那么厚,稍使劲就可以把石头撬起来,再用锤打碎,便可清出田去,老农脑海里此时想到本可以更早些把这桩头痛事处理掉，禁不住一脸的苦笑。

遇到问题应立即弄清根源，有问题更需立即处理，绝不可拖延。如果一再拖延，造成的损失就会日益增大。

决心要做就认真去做

春秋时期，楚国有个大司马一生都很喜欢好剑，一位专为他造剑的工匠尽管80多岁了，但打出的剑依然锋利无比，光芒照人。

"您老人家年事已高，剑仍旧造得这么好，是不是有什么窍门？"大司马赞叹老匠人高超的技艺。老工匠听了主人的夸奖，心中有些不自在，他告诉大司马说："我20岁时就喜欢造剑，造了一辈子剑。除了剑，我对其他东西没有兴趣，不是剑就从不去细看，一晃就过了60余年。"

大司马听了老工匠的自白，更是钦佩他的精神。虽然他没有谈造剑的窍门，但他揭示了一条通向成功的道理：他专注于造剑技艺，几十年如一日，专一的追求使他掌握了造剑工艺，进而才能达到这种高妙的境界。有了这样的精神，哪有造不出又锋利又光亮的剑的道理！

世上无难事，只怕有心人。精湛的技艺，丰硕的收获，事业的成功，都是靠专心致志、终生追求而取得的。

佛说："要做的事，一定要认真专心地做，不要一面做这事，一面又去做别的事；不要做这事未完，又去做别的事；亦不要今天做，明天不做。决定要做就认真去做，一直做到成功。"

最厉害的鸡

皇帝想斗鸡，就请来一位大师为他养鸡。大师刚刚养了十天，皇帝就不耐烦地来问：

"养好了没有？"

大师回答："还没好，现在这些鸡还很骄傲，自大得不得了。"

过了十天，皇帝又来问，大师回答说："还不行，它们一听到声音，一看到人影晃动，就惊动起来。"

过了十天，皇帝又来了，当然还是关心他的斗鸡。大师说："不行，还是目光犀利，盛气凌人。"

十天后，皇帝已经不抱任何希望来看他的斗鸡，没想到大师这次却说："可以了。鸡虽然有时会鸣叫，但是它不惊慌了，看上去好像木头做的鸡，精神上完全准备好了。其他鸡都不敢来挑战，只有落荒而逃。"

呆若木鸡不是真呆，只是看着呆，其实内心充满了勇气。活蹦乱跳、骄态毕露的鸡，不是最厉害的鸡。目光凝聚、纹丝不动、貌似木头的鸡，才是"武林高手"。它根本不必出手，敌人就会望风而逃。

水的形状

有一个人在社会上总是不得志，有人向他推荐了一位得道大师。

他找到大师。大师沉思良久，默然舀起一瓢水，问："这水是什么形状?"

这人摇头:"水哪有什么形状?"

大师不答,只是把水倒入杯子,这人恍然:"我知道了,水的形状像杯子。"

大师无语,又把杯子中的水倒入旁边的花瓶,这人悟然:"我又知道了,水的形状像花瓶。"

大师摇头,轻轻提起花瓶,把水倒入一个盛满沙土的盆。清清的水便一下融入沙土,不见了。这人陷入了沉默与思索。

大师俯身抓起一把沙土,叹道:"看,水就这么消失了,这也是一生!"

这个人对大师的话沉思良久,高兴地说:"我知道了,您是通过水告诉我,社会处处像一个个不同的容器,人应该像水一样,盛进什么容器就是什么形状。而且,人还极可能在一个容器中消逝,就像这水一样,消逝得迅速、突然,而且一切无法改变!"

这人说完,眼睛紧盯着大师的眼睛,他现在急于得到大师的肯定。

"是这样。"大师捋须,转而又说,"又不是这样!"

说毕,大师出门,这人随后。在屋檐下,大师俯下身,用手在青石板的台阶上摸了一会儿,然后顿住。这人把手指伸向刚才大师手指所触之地,他感到有一个凹处。他迷惑,他不知道这本来平整的石阶上的"小窝"到底藏着什么玄机。

大师说:"一到雨天,雨水就会从屋檐落下。你看,这个凹处就是水落下的结果。"

此人于是大悟:"我明白了,人可能被装入规则的容器,但又可以像这小小的水滴,改变着这坚硬的青石板一样,直到破坏容器。"

为人处世要像水一样,能屈能伸:既要尽力适应环境,也要努力改变环境,实现自我。太坚硬的东西容易折断。唯有那些不只是坚硬,而更多有一些柔韧的弹性的人,才可以克服更多的困难,战胜更多的挫折。

锲而不舍，金石可镂

有一个全国著名的推销大师即将告别他的推销生涯，应行业协会和社会各界的邀请，他将在城中最大的体育馆作告别职业生涯的演说。

那天，会场座无虚席，人们在热切地、焦急地等待着那位当代最伟大的推销员作精彩的演讲。当大幕徐徐拉开，舞台的正中央吊着一个巨大的铁球。为了这个铁球，台上搭起了高大的铁架。

这时两位工作人员抬着一个大铁锤，放在老者的面前。主持人这时对观众讲：请两位身体强壮的人到台上来。好多年轻人站起来，转眼间已有两名动作快的跑到台上。

老人这时开口和他们讲规则，请他们用这个大铁锤，去敲打那个吊着的铁球，直到把它荡起来。

一个年轻人抢着拿起铁锤，拉开架式，抡起大锤，全力向那吊着的铁球砸去，一声震耳的响声，那吊着的球动也没动。他就用大铁锤接二连三地砸向吊着的球，很快地他就气喘吁吁了。

另一个人也不甘示弱，接过大铁锤把吊着的球打得叮当响，可是铁球仍旧一动不动。

台下逐渐没了呐喊声，观众好像认定那是没用的，就等着老人做出什么解释。

会场恢复了平静，老人从上衣口袋里掏出一个小锤，然后认真地面对着那个巨大的铁球。他用小锤对着铁球"咚"敲了一下，然后停顿一下，再一次用小锤"咚"敲了一下。人们奇怪地看着，老人就那样敲一下，然后停顿一下，就这样持续地做。

10分钟过去了，20分钟过去了，会场早已开始骚动，有的人干脆叫骂起来，人们用各种声音和动作发泄着他们的不满。老人仍然一小锤一小锤不停地工作着，他好像根本没有听见人们在喊叫什么。人们开始愤然离去，会场上出现了大片大片的空位。留下来的人们好像也喊累了，会场渐渐地安静下来。

大概在老人进行到40分钟的时候，坐在前面的一个妇女突然尖叫一声："球动了！"刹那间会场立即鸦雀无声，人们聚精会神地看着那个铁球。那球以很小的幅度动了起来，不仔细看很难察觉。老人仍旧一小锤一小锤地敲着，人们好像都听到了那小锤敲打吊球的声响。吊球在老人一锤一锤的敲打中越荡越高，它拉动着那个铁架子"哐、哐"作响，它的巨大威力强烈地震撼着在场的每一个人。终于场上爆发出一阵阵热烈的掌声。在掌声中，老人转过身来，慢慢地把那把小锤揣进兜里。

老人开口讲话了，他只说了一句话：在成功的道路上，你没有耐心去等待成功的到来，那么，你只好用一生的耐心去面对失败。

锲而不舍，金石可镂。成功的背后就是千万次的重复和枯燥，如果没有坚忍不拔的毅力和战胜困难的勇气，成功就永远遥不可及。无论最初付出了多少汗水与心血，可一旦放弃，所有的成果都将付之东流；只有坚持不懈的努力才会让眼前的事物发生质的改变，哪怕你现在的力量还很卑微。求佛如此，人生中做任何事情都是如此。

积聚财富

要想积聚财富，就要学会积累，养成节约的习惯。如果你花掉了你所有的收入，那你永远也不会富起来。

许多人向富翁询问致富的方法，富翁问他们："假如你拿出一个篮

子,每天早晨在篮子里放进10个鸡蛋,当天吃掉9个鸡蛋,最后将会出现什么情况?"

"总有一天,篮子会满起来,"有人回答,"因为我每天放进篮子里的鸡蛋比吃掉的多一个。"

富翁笑着说:"致富的首要原则就是在你放进钱包里的10个硬币中,顶多只能用掉9个。"

佛家讲究"积善",其实财富又何尝不是"积"出来的?"由俭入奢易,由奢入俭难。"如果我们从年轻的时候就能养成节俭的好习惯,不但能够创造一定的财富,还能够磨炼自己的品格,真正懂得去珍惜和拥有。

有所不为

拉斐尔11岁那年,一有机会便去湖心岛钓鱼。鲈鱼钓猎开禁前的一天傍晚,他和妈妈早早又来钓鱼。安好鱼饵后,他将鱼线一次次甩向湖心,河水在落日余晖下泛起一圈圈的涟漪。忽然钓竿的另一头沉重起来。他知道一定有大家伙上钩,急忙收起鱼线。终于,孩子小心翼翼地把一条极力挣扎的鱼拉出水面。好大的鱼啊!它是一条鲈鱼。月光下,鱼鳃一吐一纳地翕动着。妈妈揿亮小电筒看看表,已是晚上10点——但距允许钓鲈鱼的时间还差两个小时。

"你得把它放回去,儿子。"母亲说。

"妈妈!"孩子哭了。

"还会有别的鱼的。"母亲安慰他。

"再没有这么大的鱼了。"孩子伤感不已。

他环视了四周,已看不到任何鱼艇或钓鱼的人,但他从母亲坚决的脸上知道妈妈的命令无可更改。暗夜中，那鲈鱼抖动着笨大的身躯慢慢游向湖水深处，渐渐消失了。

这是很多年前的事了，后来拉斐尔成为纽约市著名的建筑师。他确实没再钓到过那么大的鱼，但他却为此终身感谢母亲。因为他通过自己的诚实、勤奋、守法，猎取到生活中的大鱼——事业的成功。

一个人暗中的举动往往更容易体现出他的品质和性格。"君子有所为，有所不为。"不管周围是有人还是无人，我们都要约束自己的行为，约束自己的得利之心。懂得为自己的行为负责的人，在人生的道路上，也必然能够掌控好自己的命运，不会患得患失、越轨翻车。

痛并行动着

我认识一位妇人，她几乎经历了一个普通女人所经历的所有不幸：幼年时候父母先后病逝。好不容易找到了一份工作，又因为不同意做厂里某领导人的儿媳而被挤出厂门。嫁了个当兵的丈夫，婆婆却十分苛刻。婆婆过世后丈夫又因外遇而弃她而去。现在，她领着女儿独自度日，日子却过得十分平静。

一个阳光很好的日子，我去她家闲坐，女儿在一边玩耍。我们边聊天边和小姑娘逗笑，不经意间聊起往事。我赞叹她遭遇这么多挫折却活得如此坚强平和。她笑笑，给我讲了一个故事：两个老裁缝去非洲打猎，路上碰到了一头狮子，其中一个裁缝被狮子咬伤了，没被咬的那位问他："疼吗？"受伤的裁缝说："当我笑的时候才感到疼。"

"妈妈，我的手破了！"小姑娘猛然喊道。她举起手指让我们看。原来她的手指被铁片划了一道细口，流了点血。

"疼吗？"我问。

"疼。"

"骗人,"妇人笑道,"你不动它时就不觉得疼,是吗?"

"那我就一直不动吗?"

"当然要动。只有动时血液才会流动,才会让旧的伤痕快点逝去,才会早点恢复健康。"

小姑娘笑了,又去乖乖地玩耍。

"我也是这样的,"妇人对我笑道,"我被狮子咬了许多口,但我的一贯原则是:忍着痛,坚持动,笑也好,哭也好,只要有灵魂,只要有生命,就有生存的意义、希望和幸福。"

当我们受到生活的伤害时,该怎么办?强者会忍着痛,坚持动,只要生命还在,就有生存的意义、希望和幸福。一颗不屈的心是顽强生命的支撑。

用美名度人

琴德太太刚雇了一个女佣,告诉她下星期一开始来工作。然后,琴德太太打电话给那女佣以前的女主人,询问女佣以前的工作状况,那太太称这个女佣并不好。

星期一女佣来上班的时候,琴德太太并没有把女佣前女主人的话告诉她,而是彻底地夸奖了女佣一番。琴德太太告诉女佣,她以前的女主人说她诚实可靠,会做菜,会照顾孩子。唯一的缺点就是太随便,不将房子打扫干净。但是琴德太太认为说得没有道理,她说她从女佣的穿着来看,她是一位爱干净的人,她肯定会把房子收拾得和自己一样整洁干净。而且,她认为她们之间会相处得很好。

后来,她们果然相处得非常好,女佣要顾全她的名誉,所以琴德太太所讲的,她真的做到了。她把屋子收拾得干干净净,她宁愿自己多费些时间,辛苦些,也不愿意破坏琴德太太对她的好印象。

未必是佛家才能度人,在日常的生活里,只要你善于运用禅机,你就能时时度人。任何人都愿意竭尽所能地保持自己在别人心目中的形象。所以,如果要影响一个人的行为,不如给他一个美好的名誉引导他,使之为了保全自己的名誉而极力表现,从而激发出他的潜能和对生活的热情,让他成为一个真正出色的人。

2500个"请"

3年前,40来岁的米·乔伊遭遇公司裁员,失去了工作,从此一家6口的生活全靠他一人外出打零工挣钱维持,经常是吃了上顿没下顿,有时一天连一顿饱饭也吃不上。

为了找到工作,米·乔伊一边外出打工,一边到处求职,但所到之处都以其年龄大或者单位没有空缺为借口将其拒之门外。然而,米·乔伊并不因此而灰心,他看中了离家不远的一家建筑公司,于是便向公司老板寄去第一封求职信。信中他并没有将自己吹嘘得如何能干、如何有才,也没有提出自己的要求,只简单地写了这样一句话:"请给我一份工作。"

当底特律建筑公司老板麦·约翰收到这封求职信后,让手下人回信告诉米·乔伊"公司没有空缺"。但米·乔伊仍不死心,又给公司老板写了第二封求职信。这次他还是没有吹嘘自己,只是在第一封信的基础上多加了一个"请"字:"请请给我一份工作。"此后,米·乔伊一天给公司写两封求职信,每封信都不谈自己的具体情况,只是在信的开头比前一封信多加一个"请"字。

3年间，米·乔伊一共写了2500封信，即在2500个"请"字后是"给我一份工作"。见到第2500封求职信时，公司老板麦·约翰再也沉不住气了，亲笔给他回信："请即刻来公司面试。"面试时，麦·约翰告诉米·乔伊，公司里最适合他的工作是处理邮件，因为他"最有写信的耐心"。

当地电视台的一位记者获知此事后，专程登门对米·乔伊进行采访，问他为什么每封信都只比上一封信多增加一个"请"字，米·乔伊平静地回答："这很正常，因为我没有打字机，只想让他们知道这些信没有一封是复制的。"当这位记者问约翰为什么最后录用米·乔伊时，约翰不无幽默地说："当你看到一封信上有2500个'请'字时，你能不受感动吗？"

求佛需要耐心，做任何事都需要耐心。付出耐心，并不是所有人都可以做到的，尽管有时候它非常容易。如果你不想成为懒惰者和平庸者，不愿随波逐流，在认定了一个目标之后，请你坚持到底，耐心就是胜利。

长成一颗珍珠

很久很久以前，有一个养蚌的人，他想培养一颗世上最大最美的珍珠。

他去海边沙滩上挑选沙粒，并且一颗一颗地问那些沙粒，愿不愿意变成珍珠。那些沙粒一颗一颗都摇头说不愿意。养蚌人从清晨问到黄昏，他都快要绝望了。

就在这时，有一颗沙粒答应了他的请求。旁边的沙粒都嘲笑起那颗沙粒，说它太傻，去蚌壳里住，远离亲人朋友，见不到阳光、雨露、明

月、清风，甚至还缺少空气，只能与黑暗、潮湿、孤寂为伍。

可那颗沙粒还是无怨无悔地随着养蚌人去了。斗转星移，几年过去了，那颗沙粒已长成了一颗晶莹剔透、价值连城的珍珠，而曾经嘲笑它傻的那些伙伴们，却依然只是一堆沙粒。

如果说世上有"点石成金"的方法，那就是"艰难困苦"了。这是人生的至宝！你忍耐着、坚持着，当走过黑暗与苦难的长长隧道之后，或许你会惊讶地发现，平凡如沙粒的你，不知不觉中，已长成了一颗珍珠。

智慧至上

这是发生在第二次世界大战期间的一个真实感人的故事。

在法国第厄普市有一位家庭妇女伯诺德夫人。她的丈夫在马其诺防线被德军攻陷后，当了德国人的俘虏，她的身边只有两个幼小的儿女——12岁的雅克和10岁的杰奎琳。为把德国强盗赶出自己的祖国，母子三人都参加了当时的秘密情报工作，投身到为解放祖国的光荣斗争中去了。

每周星期四的晚上，一位法国农民装扮的人便送来一个小巧的金属管，内装着特工人员搜集到的绝密情报。伯诺德夫人的任务就是保证把它安全藏好，直至盟军派人来取走。为了把情报藏好，伯诺德夫人想了许多办法，她先是把金属管藏在一把椅子的横撑中，以后又把它放在盛着剩汤的铁锅内。尽管已经安全地躲过了德军的几次突然搜查，但伯诺德夫人始终感到放心不下。最后，她终于想到了一个绝妙的办法——把装着情报的金属管藏在半截蜡烛中，外面小心地用蜡封好，然后把蜡烛插在一个金属烛台上。由于蜡烛摆在显眼的桌子上，反而骗过了几次严

密的搜查。

　　一天晚上，屋里闯进了三个德国军官，其中一个是本地区情报部的官员。他们坐下后，一个少校军官从口袋中掏出一张揉皱的纸就着黯淡的灯光吃力地阅读起来。这时，那位情报部的中尉顺手拿过藏有情报的蜡烛点燃，放到长官面前。情况是危急的，伯诺德夫人知道，万一蜡烛烧到铁管之后，就会自动熄灭，同时也意味着他们一家三口的生命将告结束。她看着两个脸色苍白的儿女，急忙从厨房中取出一盏油灯放在桌上。"瞧，先生们，这盏灯亮些。"说着轻轻把蜡烛吹熄。一场危机似乎过去了。但是，轻松没有持续多久，那位中尉又把冒着青烟的烛芯重新点燃，"晚上这么黑，多点支小蜡烛也好嘛。"他说。烛光摇曳着，发出微弱的光。此时此刻，它仿佛成为这房里最可怕的东西。伯诺德夫人的心提到了嗓子眼儿，她似乎感到德军那几双恶狼般的眼睛都盯在越来越短的蜡烛上。一旦这个情报中转站暴露，后果是不堪设想的。

　　这时候，小儿子雅克慢慢地站起，说："天真冷，我到柴房去搬些柴来生个火吧。"说着伸手端起烛台朝门口走去，房子顿时暗下来。中尉快步赶上前，厉声喝道："你不用灯就不行吗？"劈手把烛台夺回。

　　孩子是懂事的，他知道，厄运即将到来了，但在斗争的最后阶段，自己必须在场。他从容地搬回一捆木柴，生了火，默默地坐等最后的时刻。时间一分一秒地过去。突然，小女儿杰奎琳娇声地对德国人说道："司令官先生，天晚了，楼上黑，我可以拿一盏灯上楼睡觉吗？"少校瞧了瞧这个可爱的小姑娘，一把拉她到身边，用亲切的声音说："当然可以。我家也有一个你这样年纪的小女儿。来，我给你讲讲我的路易莎好吗？"杰奎琳仰起小脸，高兴地说："那太好了！不过，司令官先生，今晚我的头很痛，我想睡觉了，下次您再给我讲好吗？""当然可以，小姑娘。"杰奎琳镇定地把烛台端起来，向几位军官道过晚安，上楼去了。正当她踏上最后一级阶梯时，蜡烛熄灭了。

　　参禅需要智慧，人生无时不需要智慧。智慧需要有正义和勇敢作为支持，这样的智慧更能放射出耀眼的光芒。镇定自若地去面对生活中的挑战，我们的智慧就能在斗争中得以发扬和积累。

如此养生

唐代著名禅师石头希迁是一位得道的高僧，被后人称为石头和尚。他在世的时候，曾为世人开过十味奇药："好肚肠一条，慈悲心一片，温柔半两，道理三分，信行要紧，中直一块，孝顺十分，老实一个，阴骘全用，方便不拘多少。"

服用方法为："此药用宽心锅内炒，不要焦，不要躁，去火性三分，于平等盆内研碎，三思为末，六波罗蜜为丸，如菩提子大，每日进三服，不拘时候，用和气汤送下。果能依此服之，无病不瘥。切忌言清浊，利己损人，肚中毒，笑里刀，两头蛇，平地起风波。"

希迁的养生奇方其精要在于养德。养德"不劳主顾，不费药金，不劳煎煮"，却可祛病健身，延年益寿。

一个道德高尚的人，总是正直并且富有爱心的。在遇到事情的时候，也总是能够大公无私，在处世上宁静而淡泊，不被世俗利益所蛊惑。对人对事，胸襟开阔，无私坦荡，光明磊落，故而无忧无愁，无患无求。身心处于淡泊宁静的良好状态之中，必然有利于健康长寿，有利于人性光辉的发扬。

得与失的辩证法

有一位很想成为富翁的年轻人，到处旅行流浪，辛苦地寻找着成为富翁的方法。几年过去了，他不但没有变成富翁，反而成为衣衫破烂的流浪汉。

观世音菩萨被年轻人的虔诚感动了，就教导他说："要成为富翁很简单，从此以后，你要珍惜遇到的每一件东西、每一个人，并且为你遇见的人着想，布施给他。这样，你很快就会成为富翁了。"

年轻人听后高兴得不得了，就手舞足蹈地走出庙门。一不小心竟踢到石头绊倒在地上。当他爬起来的时候，发现手里粘了一根稻草，便小心翼翼地拿着稻草向前走。突然，他听见小孩号啕大哭的声音，走上前去。当小孩看见青年手上拿着稻草，立即好奇地停止了哭泣。那人就把稻草送给小孩，孩子高兴得笑起来。小孩的母亲非常感激，送给他三个橘子。

年轻人拿着橘子继续上路，不久，看见一个布商蹲在地上喘气。他走上前去问道："你为什么蹲在这里，有什么我可以帮忙吗？"布商说："我口渴得连一步都走不动了。""这些橘子就送给你解渴吧。"

年轻人慷慨地把三个橘子全部送给布商。布商吃了橘子，精神立刻振作起来。为了答谢他，布商送给他一匹上好的绸缎。

年轻人拿着绸缎往前走，看到一匹马病倒在地上，骑马的人正在那里一筹莫展。他就征求马主人的同意，用那匹上好绸缎换那匹病马，马主人非常高兴地答应了。

年轻人跑到小河边提了一桶水给那匹马喝，没想到才一会儿，马就好起来了。原来马是因为口渴才倒在路上的。

年轻人骑着马继续前进，在经过一家大宅院的门前时，突然跑出来一个老人拦住他，向他请求："你这匹马，可不可以借给我呢？"

年轻人立刻从马上跳下来，说："好，就借给你吧！"

那老人说："我是这大宅子的主人，现在我有紧急的事要出远门。等我回来还马时再重重地答谢你；如果我没有回来，这宅院和土地就送给你好了。你暂时住在这里，等我回来吧！"说完，老人就匆匆忙忙骑马走了。

年轻人在那座大庄院住了下来，等老人回来。没想到老人一去不回，他就成了庄院的主人，过着富裕的生活。这时他领悟到："呀！我找了许多年能够成为富翁的方法，原来这样简单！"

求取财富的道路不是靠无尽的索取，而应该是善意的施予，施予人方可得到他人的帮助，你的财富也才会逐渐积聚。倘若你只是一味地索取，最终只会断了财源。这就是佛法中所讲的因果报应。所以积聚财富的过程还应该是一个增益人格的过程。

水满则溢，月盈则亏

宋代有一位大禅师，名克勤，就是佛果圜悟禅师。他当年在汾州太平寺任住持时，其师五祖法演曾谓之曰："住持此院，即是给你自己的劝诫。"其师所指也就是"法演四戒"：

（1）势不可使尽。

（2）福不可受尽。

（3）规矩不可行尽。

（4）好话不可说尽。

获此戒的佛果圜悟禅师，获得上乘的智慧，终成为法演的心法弟

子，成为临济宗十世法孙，并著有高深微妙的《碧岩录》一书，成为宋代的大禅师。

法演四戒给了我们人生中很好的启发。

（1）福不可受尽。

的确，我们经常会过于沉溺在上天赐给我们的幸福中，而这一点虽然无可厚非，但如果你不加爱惜的话，这个幸福的源泉就会逐渐枯竭，同时，为你带来幸福的"机缘"也会为之断绝。

（2）势不可使尽。

人很容易顺着时势去做一些事情，但这正是危机。在最顺利、运气最好的时候，不知不觉会埋下毁灭的种子，是因人并不是在逆境中才开始不幸，而是在势盛时即播下了不幸的种子。

（3）好话不可说尽。

根据法演的解说是："好语说尽，则人必以此为易。"所谓好，就比较广泛的意思来说，也就是"亲善"之意。善言、美辞，能使你我之间的交情深厚。但不论怎么样的好语，如果过于详细地予以解说，则其味必减半，会给人一种平易的肤浅感。

（4）规矩不可行尽。

如果过于拘泥于规矩的话，四周的人就受不了。换句话说，守规矩是好事，但过于重视规矩则会惹人嫌了。昔日的佛陀在森林中枯坐6年，以及见到当时的印度苦行外道的苦行情况，终不能证道。所以佛陀见其弊，终不从，后来才在菩提树下悟道、证道。后为众生讲经说法49年，普度无数众生，是深知"规矩不可行尽"的大智者。

让不可能成为可能

在一个村子里,被沙漠围困的村民守着一片绿洲过了几千年。他们总是试图走出去,但总是又回到原地,因此他们认为这片沙漠是走不出去的。

可是村里的一个年轻人却非常不甘心,他想去看看外面的世界。人们围住他不断地劝说他不要再去冒险。他们说:

"这片沙漠你是走不出去的,我们祖祖辈辈都没有走出去过。"

可是,年轻人没有相信他们的话,他默默地出发了。在沙漠里没有方向无疑是死路一条,他白天休息,晚上看北斗星走。有了方向,走出沙漠就成了简单的事情。三天三夜,他就走出去了。

一般人认为不可能的事情,只要找到正确的方法,并坚持下去,其实都是可能做到的。

我也可以为你忙

克契禅僧到佛光禅师处学禅已经有好长一段时间了,但是由于个性原因,他不喜欢问禅,总是在被动中摸索,多次错过了开悟的时机。

一天,佛光禅师见到克契禅僧,再也忍不住地问道:"你自从来此学禅,好像已有十二个秋冬了,但你怎么从来不向我问道呢?"克契禅僧连忙答道:"老禅师每日都很忙,学僧实在不敢打扰。"时光匆匆,转眼又是三年。有一次,佛光禅师在路上又遇到了克契禅僧,再问道:

"你在参禅修道上,有什么问题吗?有的话,就提出来。"克契禅僧回答道:"老禅师您这么忙,学僧不敢随便和您讲话!"又是一年过去了,克契禅僧经过佛光禅师禅房外面,禅师又对克契禅僧说道:"你过来,今天我有空,请到我的禅室来谈谈禅道吧。"克契禅僧赶快合掌作礼道:"老禅师很忙,我怎敢随便浪费您老的时间呢?"佛光禅师知道克契禅僧过分谦虚,不敢直接问道,错过很多,所以再怎么参禅,也是不能开悟的。佛光禅师知道对克契不采取主动不行,所以又一次遇到克契禅僧的时候,他明白地对克契说:"学道坐禅,要不断参究,你为何老是不来问我呢?"克契禅僧仍然应道:"老禅师您很忙,学僧不便打扰!"佛光禅师当下大声喝道:"我究竟是为谁在忙呢?除了别人,我也可以为你忙呀!"

佛光禅师一句"我也可以为你忙"的话,深入克契禅僧的心中,克契禅僧立有所悟。

克契禅僧因为顾虑佛光禅师太忙而不肯问法,错过了很多得法的机会,还好,佛光禅师一次又一次不厌其烦地点化,终于让他有所悟。而生活中,很多东西一旦错过了,就将永远失去了。

学会与人分享

在美国有一位农场主,由于他的勤奋与智慧,使得他所种的农作物每年都能获得当地农会竞赛的最高荣誉"蓝带奖",而得奖后他也一定将他所获奖的最佳品种分送给他的邻居们。大家都觉得奇怪,难道他不怕别人获得了他得奖的品种,因而在下一次的比赛中胜过他?对此,他微笑着答道:"我无法避免因风吹而使邻居的花粉飘到我的田里。倘若我不将好的种子分给每个邻人,那么飘过来的花粉不好,也必然会使我的田地产出不好的品种，唯有在我周围的品种都是好的，才能保证我的田里产出最好的品种。而我在得奖之后，不会就此松懈偷懒，坐享其成，仍将继续努力研究改良，因此我能连续不断地获得最高荣誉。当别人赶上我去年的水准时，我早已又往前迈了一大步，所以我从来不担心别人超越我。相反，若有人超越我，将带给我精益求精的动力，让我追求更大的进步空间。"

听到他如此自信的解释，令人不得不赞叹他是真正有大智慧的人，是实至名归的冠军。反观我们周围有许多人常常敝帚自珍，吝于与人分享，深恐别人知道了自己的成功方法，将会超越自己。如此不但伤害了彼此的人际关系，也造成孤僻小气的形象，更重要的是丧失了自己再成长进步的环境与动力。

肯做糊涂事　方为明白人

寺庙中有两个小和尚为了一件小事吵得不可开交，谁也不肯让谁。第一个小和尚怒气冲冲地去找师父评理，师父在静心听完他的话之后，郑重其事地对他说："你说得对！"于是第一个小和尚得意洋洋地跑回去宣扬。第二个小和尚不服气，也跑来找师父评理，师父在听完他的叙述之后，也郑重其事地对他说："你说得对！"待第二个小和尚满心欢喜地离开后，一直跟在师父身旁的第三个小和尚终于忍不住了，他不解地问道："师父，您平时不是教我们要诚实，不可说违背良心的谎话吗？可是您刚才却对两位师兄都说他们是对的，这岂不是违背了您平日的教导吗？"师父听完之后，不但一点也不生气，反而微笑着对他说："你说得对！"第三位小和尚此时才恍然大悟，立刻拜谢师父的教诲。

其实许多事从他们个人的立场来看，他们都是对的。只不过因为每一个人都坚持自己的想法或意见，无法将心比心、设身处地地去考虑别人的想法，所以没有办法站在别人的立场去为他人着想，冲突与争执也因此就在所难免了。如果能够有一颗善解人意的心，凡事都以"你说得对"来先为别人考虑，那么很多不必要的冲突与争执就可以避免了，做人也一定会很轻松。

甘甜的海水

一次，一艘远洋海轮不幸触礁，沉没在汪洋大海里，幸存下来的九个人是一位叫觉行的和尚和八位船员，他们是拼死登上一座孤岛，才得以幸存下来的。

但接下来的情形更加糟糕，岛上除了石头，还是石头，没有任何可以用来充饥的东西，更为要命的是，在烈日的暴晒下，每个人都口渴难耐，水成为最珍贵的东西。

尽管四周是海水，可谁都知道，海水又苦又涩又咸，根本不能用来解渴。现在，九个人唯一的生存希望是老天下雨或别的过往船只发现他们。

等啊等，没有任何下雨的迹象，天际除了海水还是一望无边的海水，没有任何船只经过这个死一般寂静的岛。渐渐地，八个生存下来的船员支撑不下去了，他们纷纷渴死在孤岛上。

当觉行和尚快要渴死的时候，他实在忍受不住地扑进海水里，"咕嘟咕嘟"地喝了一肚子。觉行喝完海水，一点儿没有感觉到海水的苦涩味，相反觉得这海水又甘又甜，非常解渴。他想：也许这是自己渴死前的幻觉吧，便静静地躺在岛上，等着死神的降临。

觉行和尚睡了一觉，醒来后发现自己还活着，觉得非常奇怪，于是他每天靠喝这岛边的海水度日，终于等来了救援的船只。

人们化验这水发现，这儿由于有地下泉水的不断翻涌，所以海水不是又涩又咸的。

在困境中，要有勇于尝试的信心。只有这样，才能够取得新突破。海水谁都知道是咸的，根本不能饮用，这是基本的常识。因此，八名船员被渴死了。是环境害死了他们？还是经验害死了他们？敢于突破经验，才有生存和成功的希望！

信用的价值

有一位女士曾经有过这样的亲身经历：

周末，她到服装市场买一件过冬的衣服。没逛多久便看中一件碎花夹袄。问价，一家要55元，另一家要60元。她一时拿不定主意，信步往下一家店走去，真巧，遇上了高中的好友琴。毕业后彼此为生计所累，她们有很长一段时间疏于联系。她现在机关做一名无足轻重的办事员，而琴于两年前下海做起了服装生意。

琴抱住她大呼小叫了一阵，相互交换了电话号码。琴显得成熟且干练，她也为久别相逢兴奋不已。

琴的店里也挂着她想要的相同款式和质地的夹袄，她连价都没问就让琴给打了包。

"哪能赚朋友的钱，我给你个进价，就100块吧。"琴轻描淡写地说。

她脸上的快乐因惯性作用一时无法收回，仍茫然地延续着。她艰难地从口袋里抽出一张皱皱的百元钞票，轻轻放在琴积落尘埃的柜台上。

她们彼此都没按响对方的电话。那件夹袄，她一直没敢穿，她担心它不能抵御这个冬天刺骨的霜寒。

一个人的信用是无价的，只有在任何时候都能保持自己本色的人，才会赢得别人的信用。信用是做出来的，而不是说出来的，璀璨的包装下面如果没有真实的内容，那也经不起信用之石的轻轻一击，如果以牺牲自己的信用来换取更多的利益，未免得不偿失。

目标与过程

马丁环游世界开始于 14 岁。父亲在美国堪萨斯州独立城做珠宝生意，马丁从小就帮着父亲拆开来自世界各地的包裹。

看着来自巴黎、巴塞罗那、布达佩斯的行李袋，异国的情趣使马丁感到目眩神迷。于是马丁离家出走，穿过美国，搭上前往欧洲的家畜船。一到欧洲没有工作可做，在布鲁塞尔为温饱伤脑筋，束手无策，只好在法国西北布雷斯特港远眺大西洋的另一边。

绝望中，马丁得了思乡病。在伦敦时他曾在行李箱中过夜。他溜进驶往纽约的汽船的救生艇。原因是无计可施，只想回到故乡堪萨斯州去。

然而，就在马丁搭乘该船时，发生了一件小事改变了他的一生，开始了他追求冒险的壮举。他在从航海技师那儿借来的杂志上，看到了以《野性的呼唤》著名的作者杰克·伦敦的事迹。于是他在船身仅 30 英尺长的"史纳可"号上写下了他环游世界的航海计划。

马丁回到故乡独立城后，立刻写信给杰克·伦敦。几张信纸洋溢着热情——"我曾出国旅行，口袋里只有 3 元 5 分，我由芝加哥出发，回来时还剩 25 分。"

此后的两个星期，马丁每天心焦地等待着回音。好不容易杰克·伦敦回信了。"会做饭吗？"只是简单的电报。然而，就是这一封没有礼貌的电报改变了马丁一生的命运。

其实别说做饭，就连煮鸡蛋都不会，马丁还是回了一封充满自信的电报——"让我试试！"

这一封电报实际上是马丁自我激励的开始，从此，马丁努力不懈，开始向理想目标迈进。打了电报后，他就到城里的餐厅，观看厨师工作。

不久，"史纳可"号要横渡太平洋驶往旧金山。马丁以伙夫兼清洁工的身份同行。他施展所学，不论是烤面包、菜肉蛋卷、肉汁或是布丁他都会做。在出发前这些食材均已买好，即使是盐及胡椒等，都买了可供船员3天使用的数量。

一面煮饭一面学习航海技术，马丁终于可以独当一面了。一天，由他一展技能，测定船位及画海图，当时船正顺风在太平洋中驶往关岛。但是，根据他测定的结果，船却大大改变了方向。

这次空前的大失败，并没有让马丁气馁。他仍然在继续少年梦想的冒险旅行。几十年来，他从南洋的珊瑚岛，一直到非洲内地的林业区，横渡三大洋到世界各地流浪。他是深入非洲内地拍摄美国早期食人族电影的人。矮小人种的俾格米人、必须抬头仰望的巨人族、大象及长颈鹿等非洲野兽，他全都拍摄成电影，并将这些影片在全美各地放映。

马丁的挖掘理想之路充满了艰险和考验，他没有退缩，克服了种种困难，以顽强的意志和毅力实现了自己的愿望。

<u>设立自己的目标并不难，难的是实现目标的过程。俗话说"宝剑锋从磨砺出"，在自我实现的道路上，总是充满了各种各样的考验，只有那些认准目标义无反顾的人，那些意志坚定绝不轻言放弃的人，才能够达到挖掘自我、实现自我的目的。</u>

第六章

素心做人——君子与其练达,不若朴鲁

用心体会

用心去观察周围事物,你会发现世界不是你看到的那样表面化,任何事物都有规律可循,需要你有善于思考的头脑。

公元前555年秋天,齐国发兵侵扰鲁国的边境,鲁国求救于晋国,晋侯召集宋、卫、郑、曹等十一路诸侯会盟于鲁国,出兵讨伐齐国。齐侯闻讯,便亲自率领大军进驻平阳城,准备与晋国决一雌雄。无奈初次交锋,晋侯率领的各路诸侯军队神勇异常,给了齐军以沉重的打击,齐军伤亡惨重。继而,晋侯又略施小计,在平阳城外漫山遍野密布旌旗,用马尾巴拴着树枝在大路上来回奔跑,弄得尘埃滚滚。晋侯的虚张声势使齐侯吓得胆战心惊,以为晋侯重兵压城,平阳难守了。于是,下达了夜间秘密撤退的命令。

齐侯准备撤离平阳城的命令是秘密下达的,他手下的一些将领事先都不知道。在整个撤退过程中,齐侯也布置得十分周密,他要求人卸装,马勒口,一声不响地撤离平阳城。果真,在大队人马静悄悄行动过程中,平阳城里的老百姓都在睡梦中未被惊醒!齐侯原以为自己这次行动做得人不知,鬼不觉,可以安然撤离平阳。但想不到齐军前脚撤离平阳,后面就传来了晋军的马蹄声、追杀声。自以为得意的齐侯尚来不及弄清是怎么回事,后卫军已经成了晋军的战俘,要不是他用鞭子狠命地抽打马屁股,可能早就受缚于晋侯的马前了。

那么,是不是军中有人走漏了消息?非也!是不是晋侯的探子探得了情报呢?也不是。其实,齐侯开始撤离时,晋侯正在营帐内召集诸侯商讨攻城的计策,晋军根本不知道平阳城里的情况。正当晋侯等在商讨攻城计策时,晋侯的著名乐师师旷闲来无事,独自在营内散步

151

赏月。激战前夜，平阳城里、城外分外宁静。师旷正沉浸在宁静的气氛中如痴如醉，突然听到平阳城上空传来一阵群鸦飞鸣声。他竖起耳朵一听，其鸣声甚哀。复又听到城中传来马匹嘶叫声，那马嘶声完全是失群之马在寻找伙伴的声音。为此，师旷心头大喜，这鸦鸣马嘶分明道出了齐军弃城逃走的迹象。于是，他急急忙忙闯进中军帐里，向晋侯报告说："齐军已经开始行动，弃城逃跑了。"晋侯和各诸侯听后，半信半疑。师旷急切地申明："我乃乐师，听懂了各种各样的声音。平阳城里鸦鸣马嘶声异常，断然是城中有异常的举动，望君主不失战机。"晋侯听了，当即派兵向平阳搜索前进，果然是一座空城，于是随即发起追击。齐侯万没料到，自己如此秘密的军事行动，竟然被鸦鸣马嘶泄露给了晋军。从鸦鸣马嘶中听出军情，没有灵敏的耳朵和聪慧的心是做不到的。

细心观察，勤于思考，在探究的过程中，你会捕捉到事物的内在规律，抓住成功的机遇。凡事都在于探究，如果没有深刻的挖掘，新事物不会自动地诞生。把握事物的细节，只要善于思索，从小事情里面也会发现大道理。

虚心才能学到真本事

一个满怀失望的年轻人千里迢迢来到法门寺，对住持释圆说："我一心一意要学丹青，但至今没有找到一个能令我满意的老师。"

释圆笑笑问："你走南闯北十几年，真没能找到一个自己的老师吗？"

年轻人深深叹了口气说："许多人都是徒有虚名啊，我见过他们的画作，有的画技甚至不如我。"

释圆听了，淡淡一笑说："老僧虽然不懂丹青，但也颇爱收集一些名家精品。既然施主的画技不比那些名家逊色，就烦请施主为老僧留下一幅墨宝吧。"说着，便吩咐一个小和尚拿了笔墨纸砚来。

释圆说："老僧的最大嗜好，就是爱品茗饮茶，尤其喜爱那些古朴的茶具。施主可否为我画一个茶杯和一个茶壶？"

年轻人听了，说："这还不容易？"

于是调了一砚浓墨，铺开宣纸，寥寥数笔，就画出一个倾斜的水壶和一个造型典雅的茶杯。那水壶的壶嘴正徐徐吐出一脉茶水，注入到了茶杯中。年轻人问释圆："这幅画您满意吗？"

释圆微微一笑，摇了摇头。

释圆说："你画得确实不错，只是把茶壶和茶杯放错位置了。应该是茶杯在上，茶壶在下呀。"

年轻人听了，笑道："大师为何如此糊涂，哪有茶壶往茶杯里注水，而茶杯在上茶壶在下的？"

释圆听了，又微微一笑说："原来你懂得这个道理啊！你渴望自己的杯子里能注入那些丹青高手的香茗，但你总把自己的杯子放得比那些茶壶还要高，香茗怎么能注入你的杯子里呢？"

只有把自己放低，才能吸纳别人的智慧和经验，才能逐渐积聚各种营养，成海之博大，成山之巍峨。

进退的智慧

从前有个又穷又愚的人，在一夕之间突然暴富了起来。但是有了钱，他却不知道如何来处理这些钱。

他向一位和尚诉苦，这位和尚便开导他说："你一向贫穷，没有智

慧，现在虽有了钱，可是依然没有智慧。你倘若遇到疑难的事，且不要急着处理，可先朝前走七步，然后再后退七步，这样进退三次，智慧便来了。"

"'智慧'就这么简单吗？"那人听了将信将疑。

当天夜里回家，他推门进屋，昏暗中发现妻子居然与人同眠，顿时怒起，拔出刀来便要砍下。这时，他忽然想起白天和尚讲的进退三次的智慧，心想：何不试试？

于是，他前进七步，后退七步，又前进七步，然后，点亮了灯光再看时，竟然发现那与妻子同眠者原来是自己的母亲。

人们往往在受到外界刺激时，容易头脑发热，怒火中烧，于是失去理智，意气用事，以致害人害己，将人生置于无可追悔的地步，而且大多数人认为蒙辱不争、不斗，就是懦夫、胆小鬼、窝囊废，让人瞧不起。所以，普通人对侮辱的承受能力是很小的，很多人在受到侮辱时，不是反唇相讥，就是以命相拼，打个你死我活，只要挣回了面子就好，后果如何，很少有人去想。

决不后退

当年隐峰学禅的时候，老师马祖为了测试爱徒修行的深浅，决定找个机会试试他。

一日，老禅师看到隐峰推着板车，要从一条狭窄的小路上经过，就故意跑过去躺在路中间假装睡大觉，伸腿挡住去路。

"师父，你老人家快起来，要不然车压到您的腿了。"

马祖爱理不理地答道："已经伸出去的脚不能收回来。"

隐峰一听，立即说道："已经前进的车不能再后退。"

于是，隐峰推车从老禅师的腿上碾了过去。

马祖大叫一声，腿上已经鲜血淋漓。气愤的马祖一瘸一拐地找来一把斧头，来到法堂，敲钟召集所有僧众，大喝道："哪个小子刚才碾伤了老僧双脚？你给我出来！"

僧人们个个都吓傻了，今天看来要血溅佛堂了。

"阿弥陀佛！"

只有隐峰和尚毫无惧色，大踏步走上前去，把头放在马祖抡起的斧头下面。

马祖哈哈大笑，把斧头扔在地上，高兴地说："孺子可教！"

马祖横插一腿挡路，实际上是在问隐峰如何克服学禅路上的各种障碍。隐峰推车碾过，是表示自己决不后退。

马祖又手执利斧进一步考验他，隐峰又以"我不入地狱谁入地狱"的大无畏精神坦然面对。看到爱徒如此精进，难怪老和尚哈哈大笑。

人在通往成功的道路上应该毫不胆怯、毫不迟疑地勇往直前。这是禅家修禅所需的勇气，我们在生活中若想有所成就，道理也与此相同。

好人不悔

许多年前一位名叫杜芸芸的年轻女工捐出 10 万元遗产的新闻曾轰动一时，当时舆论对其人其事一致表示了肯定、钦佩和赞誉。

没想到多年后的今天，杜芸芸再次被新闻关注，大报小报文章的落点都在：她对她当初所做的抉择后悔吗？奇怪，她按照自己对生活的理解，作出的选择，她为什么要后悔呢？

可这么多年的确有太多太多的人写信、打电话询问她：后悔吗？人们遇到她，最想问的也是这么一句：后悔吗？

那些杀人抢劫者，那些贪污受贿者，收到的有关后悔不后悔的疑问，恐怕也不及杜芸芸多。

这就让人不明白了，做好事的后悔难道比做坏事的后悔还要多吗？

也许是因为，那些案犯承认后悔，人们就不再追问；而杜芸芸表示不后悔，人们不信，才一再追问。

可以理解坏人的后悔，却无法理解好人的不后悔。

当做好事成为一件悔事时，这是何等的悲哀！但毕竟总有不悔的好人，他们告诉世人：做好事永远无需后悔。

自卑的力量

有个人被公认为是全班最胆小、最怯懦的人。大学毕业挥手告别之时，许多人预言十年后的相聚他将是失败者之一。

十年后的聚会如期举行。聚会到高潮，同学们依次上台讲述自己的现状和理想，还有对目前生活的满意程度。大多数人目前的现状不如当年跨出校门时的理想，对目前生活满意者几乎没有。

他上台了："我目前拥有数家公司，总资产上亿元，远远超过当年走出校门时的理想。如果说还有什么遗憾的话，就是我认为离那些我所欣赏的成功者还很遥远。是的，无论是在学校还是投身社会，我一直很自卑，感觉每个人都有特长，都比我强。所以我要努力学习每一个人的特长，并且丢掉自己的缺点。但我发现无论我如何努力，也总是无法赶上所有的人，所以我就一直自卑下去。因为自卑，我将所有的伟大目标转化成向别人学习一点点的进步。这样，永远让自己处在自卑之中，我就会获得源源不断的前进动力。"

从某种角度说，当自卑化成了谦虚，化成了上进的动力的时候，自卑又何尝不是一种自信呢？如果你自卑，那也不是坏事，至少你看到了自身的不足。

盲童的执著

夏季的一个傍晚，天色很好。

海澄大师到寺外散步，在一片空地上，看见一个十岁左右的小男孩和一位妇女。那孩子正用一只做得很粗糙的弹弓打一只立在地上、离他有七八米远的玻璃瓶。那孩子有时能把弹丸打偏很多，而且忽高忽低。海澄大师便站在他身后不远处，看他打那瓶子，因为他还从没有见过打弹弓这么差的孩子。

那位妇女坐在草地上，从地上捡起一颗颗石子，轻轻递到孩子手中，安详地微笑着。那孩子便把石子放在皮套里，打出去，然后再接过一颗。

从那妇女的眼神中可以猜出，她是那孩子的母亲。

那孩子很认真，屏住气，瞄很久，才打出一弹。但海澄大师站在旁边都可以看出，他这一弹一定打不中，可是他还在不停地打。

海澄大师走上前去，对那母亲说：

"让我教他怎样打好吗？"

男孩停住了，但还是看着瓶子的方向。

他母亲对海澄大师笑了一笑："谢谢师父，不用了！"

她顿了一下，望着那孩子，轻轻地说："他看不见。"

海澄大师怔住了。半晌，海澄大师喃喃地说："噢……施主，对不起！但他为什么要这么玩？"

"别的孩子都这么玩。"

"呃……"海澄大师说,"可是他……怎么能打中呢?"

"我告诉他,总会打中的。"母亲平静地说,"关键是他做了没有。"

海澄大师沉默了。

过了很久,那男孩的频率逐渐慢了下来,他已经累了。

他母亲并没有说什么,还是很安详地捡着石子儿,微笑着,只是递的节奏也慢了下来。

海澄大师慢慢发现,这孩子打得很有规律。他打一弹,向一边移一点,打一弹,再转点,然后再慢慢移回来。

他只知道大致方向啊!

过了很久,夜幕降临,海澄大师已看不清那瓶子的轮廓了,便转身向寺庙的方向走去。

走出不远,海澄大师突然听到身后传来一声清脆的瓶子的碎裂声。

在恒心和爱的支持下,这个世界上没有任何不能逾越的障碍。

尊重一盏灯

某公司添置了一辆新车,需要聘用一名司机。这是一家薪水诱人、待遇优厚的公司,所以应聘者如云。不过,它用人却是很严格和挑剔的,凡录用员工都必须经理亲自把关。

刚从驾校拿到驾驶执照的小韩,迫于生计,也硬着头皮去应聘,尽管他知道自己的希望很渺茫。

初试由办公室主任进行,他过去曾是经理的专车司机,对驾驶这行轻车熟路。他向应聘者询问的都是汽车驾驶以及维护保养等方面的技术问题。所幸这些恰好都是小韩新近学过的,还烂熟于心,竟轻而易举地

过了这第一关，而很多有实践经验的驾驶员却被淘汰出局。

接下来是实际操作，由应聘者驾车载着经理和主任上路行驶，考察驾驶技术。最后一个轮到小韩，这时已是黄昏时分，当汽车行驶到一个僻静的交叉街口时，前面亮起了红灯，小韩赶紧刹车。本来对他车技就不太满意的主任冷冷地问他："为什么不开过去？"小韩说："有红灯啊。"

主任有些不耐烦："我是说，这里既没警察，又没行人车辆，为什么不灵活一些，把车开过去呢？"小韩一听那口气，知道自己没啥希望了，他抬头望了望闪烁的指示灯，心里竟轻松了许多，但还是郑重地回答："为了尊重这盏灯！"

一直不动声色的经理眼睛一亮。

回到公司，经理对所有等候的应聘者宣布：小韩入选！这使所有的应聘者都吃惊不小，当然，这结果也出乎小韩的意料。

望着发愣的小韩，经理握住他的手说："作为司机，你还需要锻炼。但是，作为本公司的员工，你已经很称职了。"

学佛要遵守佛寺里的清规戒律，日常生活中，照样有一些"戒律"必须遵守。交通灯本来就是为了维护交通秩序而设的，尊重交通灯其实就是对秩序的尊重。作为职员，对秩序的遵守应该是一种必备的素质，而由于许多人讲求"灵活"，往往将秩序抛在脑后，以至于遵守秩序成为一种难得的品质。表现你的品质，哪怕只是为了尊重一盏灯。

生命的账单

不论你是年轻还是年老，不管你身上有没有大资本，千万不要在生命的账单上随意赊账。

东北大寒时节，李财主和家人围着火炉取暖。望望窗外，大雪纷飞。李财主发现有个叫花子站在他门前的树底下，身上只穿着单薄的衣裤。李财主突然好奇起来，他把叫花子叫到屋里问："天这么冷，你为什么冻不死？"叫花子笑笑说："习惯了。你看这衣衫，穿了好些年了，今年当然也不会冻死。"

李财主不信。他决定和叫花子打个赌："今天你就在门外那棵大树下站一夜。如果没事，我输给你500亩良田，外加一栋大房子；如果你冻死了，不关我的事。"

叫花子同意了。他们请来有声望的老人做证。画押签字后，正式开赌。雄鸡叫过三遍，叫花子微笑着做他的美梦；东方映出红太阳，叫花子还活生生地在雪地上踏步。叫花子赢了，因此也就摇身一变，成了富人。为了感激李财主，他称他为大哥，经常伴他一起喝酒。

两年后，两人回忆当年的情景，觉得很有意思。李财主说："你真是天生的富贵命。不过你还不算富，你敢不敢再和我赌一次？赌注照旧，赌法也照旧。还敢不敢再赌？"

从叫花子变过来的新财主想也不想就答应了。

于是他们重新签字画押。

但是，这一赌后果却有天壤之别：新财主还没到天亮就已经冻死在当年发迹的树下。

我们常感叹人生无常，其实在"无常"的背后，有一些道理需要探究。比如那个可怜的乞丐，他的境况变了，重要的是他的心已变了，抵抗寒冷的能力也就变了，结果偶然性也就成了必然。人一旦失去了一份素心，被"冻死"是不足为怪的。

一条狗与一只猫

一户人家养了一条狗、一只猫。

狗是勤快的。每天，当主人家中无人时，狗便竖起两只耳朵，虎视眈眈地在主人家的周围巡视，哪怕有一丁点儿动静，狗也要狂吠着疾奔过去，就像一名恪尽职守的警察，兢兢业业地为主人家做着看家护院的工作。

每当主人家有人时，他的精神便稍稍放松了，有时还会伏地小憩。于是，在主人家每一个人的眼里，这只狗都是懒惰的，极不称职的，因此经常不喂饱它，更别提奖赏它好吃的了。

猫是懒惰的。每当家中无人时，便伏地大睡，任由三五成群的老鼠在主人家中肆虐。睡好了，就四处走走，活动活动身子骨。等主人家中有人时，它的精神也养好了，这儿瞅瞅，那儿望望，极像一名恪尽职守的警察，时不时地，它还要去给主人舔舔脚、逗逗趣。在主人的眼中，这无疑是一只极勤快、极尽职守的猫。好吃的自然给了它。

由于猫的不尽职守，主人家的老鼠越来越多。终于有一天，老鼠将主人家最值钱的家当咬坏了，主人震怒了。他召集家人说："你们看看，我们家的猫这样勤快，老鼠都猖狂到了这种地步，我认为一个重要的原因就是那只懒狗，它整天睡觉也不帮猫捉几只老鼠。我郑重宣布，将狗赶出家门，再养一只猫。大家意见如何？"家人纷纷附和说，这只狗是够懒的，每天只知道睡觉，你看猫，每天多勤快，抓老鼠吃得多

胖，都有些走不动了。

于是，忠诚的狗被赶出了家门。而懒惰的猫却留下来继续懒惰。

凡事都要透过现象去看本质，通过对表象的观察进行更进一步的分析综合，才能真正认清事物的本来面目。如果被眼前的表面现象所迷惑，则会丧失判断事物的根本准则，导致错误的结论和令人遗憾的结局。

乞丐与露珠

一个乞丐一大早就上路了，当他把米袋从右手换到左手，正要吹一下手上的灰尘时，一颗大而晶莹的露珠掉到了他的掌心。

乞丐看了一会儿，把手掌递到唇边，对露珠说："你知道我将做什么吗？"

"你将把我吞下去。"

"看来你比我更可怜，生命全操纵在别人的手中。"

"你错了，我还不懂什么叫可怜。我曾滋润过一朵很大的丁香花蕾，并让她美丽地开放。现在我又将滋润另一个生命，这是我最大的快乐和幸运，我此生无悔了。"

露珠被太阳蒸发，它就只能成为一缕水气；若能滋润别的生命，它的价值也就得到了升华。怎么才叫实现了生命的价值？即使以自我牺牲为代价换取的美丽也必将永恒，这是对生命的最好回报。

第七章
有容乃大——生活本身就是水至清则无鱼的包容

关于对人的尊重、宽容，集儒释道智慧于一身的《菜根谭》总结道："持身不可太皎洁，一切污辱垢秽，要茹纳得；与人不可太分明，一切善恶贤愚，要包容得。"善哉，重人才能恕己，有容心才宽大。

有容乃大

盘珪禅师是一代名师，教育出很多高超的僧才。一次，他收了一位由于家里无法管教，而希望借由佛法的熏陶使之改过向善的坏孩子当徒弟。没想到这孩子到了寺庙，依旧我行我素，时常偷寺中的古董去典当。弟子们怕影响寺庙的声誉，立刻向盘珪禅师报告。过了几天，禅师却没有表示有处理之意，而那孩子依旧无恶不作。弟子们实在看不过去了，便再次向禅师要求马上开除这个孩子，否则的话，他们将立即集体离开这个寺庙。这时，盘珪禅师闭着眼睛安详地说："如果你们一定要离开这里，那么我不为难你们，请离开吧！"弟子中有人大感意外地问："您为什么不开除那为非作歹的坏孩子，而要牺牲我们呢？"禅师睁开眼睛说："你们在我这儿修行已有数年，稍有见地，就是离开这里，也可以外出自立门户；倘若这孩子被我们开除了，那他将无处安身。"弟子们恍然大悟，了解了师父的用心，羞愧之余，立即向师父道歉。

禅师以一颗宽容善良的心感动了弟子们，也教育了弟子们，向弟子们展示了一代禅师的胸怀。

常言道：金无足赤，人无完人。一个人的一生中不可能没有失误，也不可能不犯错误，能容人之错，使之有改过之机，则可谓贤者。世间万物，有容乃大，一个人有容人之量，则可成就大业。

度量是一种美

一天晚上，一位老禅师在寺院里散步，忽然发现墙角边有一张椅子，一看就知道有出家人违犯寺规翻墙溜出去了。

这位老禅师不动声色地走到墙角边，把椅子移开，就地蹲着。没过多久，果然有一位小和尚翻墙进来，他不知道下面是老禅师，于是在黑暗中踩着老禅师的脊背跳进了院子。

当他双脚落地的时候，突然发现自己原来踩的不是椅子，而是老禅师。小和尚顿时惊慌失措，木鸡般地呆立在那里，心想："这下糟糕了，肯定要被杖责了。"但是，出乎小和尚意料的是，老禅师并没有厉声责备他，只是平静而关切地对他说："夜深天凉，快回去多穿点衣服吧。"

老禅师宽恕了小和尚的过错。因为他知道，此时此刻，小和尚已经知错了，那就没有必要再饶舌训斥了。之后，老禅师也没有再提及这件事，可是寺院里的所有弟子都知道了这件事，从此以后，再也没有人夜里翻墙出去闲逛了。

这就是老禅师的度量，他给犯过错的弟子提供反省的空间，使其悔悟，自戒自律，所以宽容也是一种无声的教育。

宽容是一种美，因为有了宽容才使许多人浪子回头。因为宽容才使那颗犯错的心有了安全的回旋余地。禅者说："量大则福大。"就是在说因为你有一颗宽容的心，所以，能获得最大的福缘。

宽恕别人宽恕自己

从前有位僧侣,他的徒弟是个懒虫,老是睡到日上三竿。有一天他叫醒徒弟,并对他大叫:"你还睡,连乌龟都已经爬到池塘外边晒太阳了!"

这时,有个人想要抓些乌龟给母亲治病,他听到僧侣的话后,就赶到池塘边。果然,有许多乌龟正趴在太阳底下。他抓了几只乌龟,为母亲炖了汤。为了感谢僧侣,他带了些乌龟汤给他。僧侣却对乌龟的死感到愧疚,于是发誓不再说话。

过了些日子,当这位僧侣坐在寺庙前,他看见一位盲人朝着池塘走了过去。他原本想要叫盲人不要再往前走,但他记起了他的誓言,决定保持沉默。

正当他的内心在交战时,盲人却已经掉到了池塘里。这件事让僧侣感到难过,他才明白人活在这个世界上,不能一味地保持沉默或喋喋不休。

<u>犯错是平凡的,宽恕是一种超凡。不但要学会宽恕别人,更要学会宽恕自己。</u>

善待别人的缺点

一天,小兰去首饰店,看中了一块玛瑙。付钱的时候,小贩又重复了一次:"我卖给你这玛瑙,再便宜不过了。"

她笑笑,没说话,他以为她不信,又加上一句:"真的——不过这么便宜也有个缘故,你猜为什么?"

"我知道，它有斑点。"

"哎呀，原来你看出来了，玉石这种东西有斑点就差了，这串项链如果没有瑕疵，哇，那价钱就不得了啦！"

小兰买了项链，默默地走开了。她想：对于这串有斑点的玛瑙，我怎么可能看不出来呢？它的斑痕如此清楚。然而，凭什么要说有斑点的东西不好？水晶里不是有一种叫"发晶"的种类吗？虎有纹、豹有斑，有谁嫌弃过它的皮毛不够纯色？

就算退一步说，把这斑纹算瑕疵，世间能把瑕疵如此坦然相呈的人也不多吧！凡是可以坦然相见的缺点都不该算缺点的。

所有的无瑕是一样的——因为全是百分之百的纯洁透明，但瑕疵斑点却面目各自不同，有的斑痕是藓苔数点，有的是沙岸逶迤，有的是孤云独去，更有的是铁索横江，玩味起来，反而令人悦然心喜。

<u>每个人都追求完美，但是现实的生活中，每个人都会有缺点。因此，当你强求他人做到极点的时候，也要看看自己是否做到了完美。所以审视自己缺点的时候更要善待别人的缺点。</u>

以美的眼光看周围的人

一位老和尚和一位老农坐在一个小城镇边的道路旁下棋。一个陌生人骑马来到他们的身边，把马停下来，向他们问道："师父，请问这是什么镇？住在这里的居民属于哪种类型？我正想决定是否搬到这里居住。"

老和尚抬头望了一下这位陌生人，反问道："你刚离开的那个小镇上住的人，是属哪一类的人呢？"

陌生人回答说："住的都是些不三不四的人。我们住在那儿感到很

不愉快，因此打算搬到这儿来居住。"

老和尚说道："施主，恐怕你会感到失望了，因为这个镇上的人跟他们完全一样。"

过了不久，又有另一位陌生人向老和尚打听同样的情况，老和尚又反问他同样的问题。

这位陌生人回答说："啊，住在那儿的人都十分友好，我的家人在那儿度过了一段美好的时光，但我正在寻找一个比我以前居住地方更有发展机会的城镇，因此我们搬出来了，尽管我们还很留恋以前那个地方。"

老和尚说道："年轻人，你很幸运。在这里居住的人都是跟你差不多的人，相信你会喜欢他们，他们也会喜欢你的。"

你对别人失望过吗？你让别人失望过吗？请记住，以一份善意的眼光去看别人，世界将是美好的。

我们为何不以一种更为积极、达观、宽容、和善、友爱、健康的心态去看待人间诸事？为何不多欣赏一下别人，多给别人以支持和鼓励，多为别人拍拍手，喝几声彩呢？

尊重的意义

一个宠物店的门上钉了一个广告，上面写着"出售小狗"。这信息显然把孩子们吸引住了，一个小男孩出现在广告牌下。

"小狗卖多少钱呢？"小男孩问店主。

"30至50美元不等。"

小男孩将手伸入口袋掏出一些零钱，说："我有2.37美元，请允许我看看它们，好吗？"

店主笑了笑，吹了声口哨，一个胖胖的女士便跑了出来，她身后跟着五只毛茸茸的小狗。其中有一只远远地落在后面。这名小男孩立即发现了那只落在后面的一跛一跛的小狗，他问："那只小狗有什么毛病吗？"

店主解释说："那只小狗没有臀骨臼，所以它只能一拐一拐地走路。"

小男孩说："就是那只小狗，我要买它。"

店主说："你用不着花钱，如果你真的要它，我把它送给你好了。"

小男孩十分气愤，他盯着店主的眼睛说："我不需要你把它送给我。那只狗和其他的狗价值应该是一样的，我会付你全价。我现在就要付2.37美元，以后每月付50美分，直到付完为止。"

店主劝说道："你真的不该买这只狗，它根本不可能像别的狗那样又蹦又跳地陪你玩儿。"

听到这句话，小男孩弯下腰，卷起裤腿，露出一只严重畸形的腿。他的左腿是跛的，靠一个大大的金属支架撑着。

小男孩看着店主轻声说道："嗯，我自己也跑不好，那只小狗需要有一个能理解它的主人。"

<u>人生来是平等的，不要因为一个人有生理的缺陷就忽视他心理的感受，弱者需要的是理解和尊重，而一味地同情和施舍，只会收到适得其反的效果。善待弱者，你会从中得到人格的升华，领悟生命的真谛。</u>

不要报复你的敌人

如果有一天自私的人占了你的便宜，请把他从你的朋友名单上除名，但千万不要想去报复。一旦你心存报复，对自己的伤害将大于对别人的伤害。

几年前的一个晚上，比尔游览公园，并与其他观光客一起坐在露天座位上。面对茂密的森林，大家都期待看到森林杀手灰熊的出现，看它走到森林旅馆丢出的垃圾前去翻找食物。骑在马上的森林管理员告诉大家，灰熊在美国西部几乎是所向无敌，大概只有美洲野牛及阿拉斯加熊例外。但比尔却发现有一只动物，而且只有一只，随着灰熊走出森林，而且灰熊还容忍它在旁边分一杯羹，它是一只很臭的鼬鼠。灰熊当然知道只需一掌就能把它毁掉，那它为什么不去做呢？因为经验告诉它划不来。

比尔也发现了这一点。他在农场里长大，曾在围篱旁捉到一只臭鼬。到了纽约，也在街上碰到过几只两条腿的臭鼬，结果都让自己痛苦万分。

当我们对敌人心怀仇恨时，就是赋予对方更大的力量来压倒我们，给他机会控制我们的睡眠、胃口、血压、健康，甚至我们的心情。如果我们的敌人知道他带给我们多大的烦恼，他一定要高兴死了。憎恨伤不了对方一根毫毛，却把自己的世界变成了炼狱。

我们也许不能神圣到去爱自己的敌人，但起码应该多爱自己一点，为了我们自己的心情、健康以及容貌，最好能原谅我们的敌人并忘记他们，这才是明智之举。

"愤怒是拿别人的过错惩罚自己。"一旦你的心里被仇恨和报复占据，你将无暇顾及自己的思想和目标，每天只会无谓地消耗自己的精力，把自己弄得精神疲劳，容颜丑化，却丝毫也不能改变敌人的生活状态，实在是得不偿失。以一种理性的态度去面对自己的敌人，如果你不能原谅他，就试着去忘记他，只有这样，你的生活才会充满乐趣。

孩子身上的尘埃

天热了,学校离海不远,校长把学生带到海边去玩。他自己站在水深处,规定学生以他为界,只准在水浅处玩。

小孩都乐疯了,连极胆小的也下了水,终于大家都玩得尽兴了,学生纷纷上岸。这时,发生了一件事,把校长吓得目瞪口呆。

原来,那些一二年级的小女孩上岸以后,觉得衣服湿了不舒服,便当众把衣裤脱了,在那里拧起水来。

校长第一个冲动便是想冲上前去喝止——但,好在凭着一个教育家的直觉,他等了几秒钟。这一等,太好了,他发现四下里其实并没有任何人在大惊小怪。高年级的同学也没有人投来异样的眼光,**傻傻的小男生更不知道他们的女同学不够淑女,海滩上一片天真欢乐**。小女孩做的事不曾骚扰任何人,她们很快拧干了衣服,重新穿上——像船过水无痕,什么麻烦都没有留下。

不难想象,如果当时校长一声吼骂,会给那个快乐的海滩之旅带来多么尴尬的阴影。那些小女孩会永远记得自己当众丢了丑,而大孩子便学会了鄙视别人的"无行",并为自己的"有行"而沾沾自喜。

孩子是不必拭擦尘埃的,因为他们是大地,尘埃对他们而言是无妨无碍的,他们不必急着学会成人社会的琐碎小节。

<u>一些所谓的是非观念,并不一定适合生活中的每一个人。对于天真无邪的孩子来讲,更没有可以限制他们的思想枷锁。在顺其自然的成长中,他们会形成独立的思想和人格,成人没有必要横加干涉。在这个多元化的社会里,每个人都有自己独特的个性按照自己喜欢的方式去生存。</u>

与人方便才能与己方便

两个人在一架独木桥中间相遇了,桥很窄只能容一个人通过。

两人都想着让对方给自己让路。

一个说:"我有急事,你让我先过。"

另一个人说:"我们谁也不愿让,那就同时侧身过桥。"

两人一想也对,就侧过身子脸贴脸地过桥。

这时一个人暗暗推了另一个人一把,另一个在挣扎中抓住了他,两人同时掉进了水里。

墨子说:"恋人者,人必从恋之;害人者,人必从害之。"构建平和的心境,设身处地给予他人方便,这也是自己得到方便的根源。

"与人方便,与己方便",这是佛家教诲弟子常说的话。我们生活在一个复杂而庞大的社会体系之中,每个人都不可避免地会受到他人的影响,同时也影响着他人,没有人可以脱离集体而单独存在。充分发挥自己的能力,在你温暖别人的同时,别人也会对你感恩,并向你敞开一扇方便之门。这样,人与人之间的关系会更加和谐,世界也会因此而更加美好。

给人面子是最大的尊重

杰克·韦尔奇就任美国通用电气公司总裁的时候,通用电气公司正面临着一项需要慎重处理的工作:免除查尔斯·史坦恩梅兹担任的计算部门的主管职务。

史坦恩梅兹在电器方面是个天才，但担任计算部门主管却彻底地失败了。不过，公司却不敢冒犯他，因为公司当时还不能缺少他这样的人才。

于是，杰克·韦尔奇亲自出马。一天，他把史坦恩梅兹叫到自己的办公室，对他说："史坦恩梅兹先生，现在有一个通用电气公司顾问工程师的职务，你看这项职务由你来担任如何？我暂时还找不到合适的人来担任这项职务。"

史坦恩梅兹一听，十分高兴："没问题，只要是公司决定的，我就乐意接受。"

对这一调动，史坦恩梅兹十分高兴。他知道，换职务的原因是公司觉得他担任部门主管不称职，但他对杰克·韦尔奇处理这一问题的方式非常满意。

通用公司的高级人员也很高兴。杰克·韦尔奇巧妙地调动了这位大牌明星的工作，而且杰克·韦尔奇的做法并没有引起一场大风暴——因为他让史坦恩梅兹保住了面子。

佛家也提倡宽容与尊重，而给人面子就是尊重别人的表现。人都很爱惜自己的面子，因为这不仅仅是脸面，更是自尊，所以一定要学会维护别人的面子，这样，不但能够令对方心存感激，还能够巧妙地维护自己的立场，营造有利的局面。人与人之间的关系正是在这种相互照应的过程中才能真正得以升华。

一先令的报酬

某天，英国的一个贵族诺福克公爵来到火车站，刚好有一个爱尔兰的小女孩下火车，手里提了一件很重的行李。她是去那城堡里当女仆的。

城堡离车站约1英里，小女孩正在跟车站搬行李的人说话，请他帮着把行李带到城堡里去，答应给他1先令。这是她口袋里仅有的钱。搬运工人带着不屑的眼光拒绝了。公爵这时走上前来，他穿着随便，就像平常人一样，答应替小女孩把行李搬到城堡里去。他提起行李，陪着女孩，边走边和她谈话。

到达城堡以后，他接受了那1先令，再三说"谢谢"，没有让她知道他是谁。一直到第二天，这女孩见到城堡主人时，才明白昨天帮她把行李从车站运到城堡，并且接受那1先令小费的人，就是诺福克公爵！

施与和领受同样都是一种美德。伟大的人总是肯为别人设想的人。在真正伟大的人心目中，只要能服务于人，无论工作如何细小、卑微，都不是羞耻的事。

美丽的裙子

邻居一位8岁的女孩刚被她父母从乡下老家接回城时，十分粗野，动不动就张口骂人，不如意时甚至倒在地上打滚，很不讨人喜欢。起初，她的父母曾动用拳脚对其加以"驯化"，结果却适得其反，女孩更变本加厉地撒泼耍横。后来连她的父母也彻底地失望了。

有一天，隔壁一位退休女教师给女孩送了一条洁白的连衣裙。那真是一条美丽的裙子，女孩第一眼看到它，两只眼睛就变得亮晶晶的。女孩穿上裙子以后，再也不打人骂人，更不倒在地上打滚了。她知道，如果她像以前那样撒野打滚，她便配不上这条美丽的裙子。就这样，这个女孩穿上了美丽的裙子后，变得斯文、干净、可爱起来。

也许，我们每个人的心里都有一条美丽的裙子吧，只是有些人把它遗忘或丢弃了。我们常常没有意识到美也是一种力量和武器，可以用它

去唤醒别人沉睡于心底的那份与生俱来的东西。确实，美的震慑力是无与伦比的，就像最善良、慈祥、宽容的母亲的那双眼睛。

地球的香味

我哥哥有一位朋友，经常在失业的边缘徘徊，没有什么技能，我对他很不屑。后来我哥搬家，他来了，非常吃力地背箱子，抬桌子，又熟练地拆装组合柜。干完活，也不让挽留，拍拍灰尘就走了。一下子，我几乎涌出眼泪来。作为朋友，他没给我哥带来什么特别的帮助和荣耀，可是他尽自己所能，在我哥需要帮助的事情上倾其所有，他让我由此懂得了什么叫尊敬和看重。

物有所值，人有所长。所以，不要轻视你的价值，不要忽略你的存在，就像萝卜和白菜，大地上这两种最普通的蔬菜，也能代表地球的香味。

苏联宇航员乘飞船在太空停留了6个月，每天只能吃压缩饼干和制成牙膏状的食物。当他们终于品尝到了水灵灵的萝卜和鲜嫩的白菜时，欣喜若狂，说是闻到了久违的地球香味。

每个人身上都带着香味，只是有时被隐藏了，被掩盖了，被忽略了。只要懂得热爱和珍惜，它们总有一天会散发出来的。

盗贼的感谢

七里禅师是一位有道的高僧，每天讲经说法之余，都在佛殿里打坐参禅。

有一天半夜，七里禅师正在禅堂的蒲团上打坐，一个强盗突然闯进来，用刀子对着他的脊背，说："把柜里的钱全部拿出来！不然，就要你的命！"

"钱在抽屉里，柜里没钱，"七里禅师说，"你自己拿去，但要留点儿，米也不多，不留点儿，明天我要挨饿呢！"

没想到这么容易就得到了这些铜钱，强盗非常得意地说："算你识相！"

"拿了人家这么多钱，也不说声谢谢就走吗？"老禅师突然冒出这句话来，"做人不要太贪，要给别人多少留点儿东西。"

"谢谢。"强盗说完就转身走了，但心里十分慌乱，因为他偷盗几十年，还没遇到过这样的事情。他愣了一下，才想起不该把全部的钱拿走，于是，他掏出一把钱放回抽屉。

后来，这个强盗被官府捉住。根据他的供词，差役把他押到七里禅师的寺庙去见七里禅师。

差役问道："多日以前，这个强盗来这里抢过钱吗？"

"他没有抢我的钱，是我给他的。"七里禅师说，"他临走时还说声'谢谢'，就这样。"

这个强盗被七里禅师的宽容感动了，他咬紧嘴唇，泪流满面，"扑通"一声跪在七里禅师面前，要求禅师收他为弟子。七里禅师一开始不答应，这个人就长跪三日，七里禅师终于收留了他。

<u>故事中的强盗被禅师善的雨露滋润，从而使他灵魂深处那善的种子发了芽。还有什么能挡得住他长跪三日的真心？</u>

不为生气而种兰

有位禅师，他非常喜爱兰花，在平日弘法讲经之余，花费了许多的时间栽种兰花。

有一天，他要外出云游一段时间，临行前交代弟子：要好好照顾寺里的兰花。

在这期间，弟子们总是细心照顾兰花，但有一天浇水时却不小心将兰花架碰倒了，所有的兰花盆都摔碎了，兰花撒了满地。弟子们都因此非常恐慌，打算等师父回来后，向师父赔罪受罚。

禅师回来了，闻知此事，便召集弟子们，不但没有责怪，反而说道："我种兰花，一来是希望用来供佛，二来也是为了美化寺里环境，不是为了生气而种兰花的。"

禅师说得好，"不是为了生气而种兰花的"。而禅师之所以看得开，是因为他虽然喜欢兰花，但心中却无兰花这个障碍。因此，兰花的得失并不影响他心中的喜怒。

在日常生活中，我们牵挂得太多，我们太在意得失，所以我们的情绪总起伏不定，我们不快乐。

不要在小事上计较

一天，一个失意的青年走在崎岖不平的山路上，发现脚边有个袋子似的东西很碍脚，心情郁闷的他狠踢了那东西一下，没想到那东西不但

没被踢破，反而膨胀起来，并成倍地扩大着。青年恼羞成怒，拿起一根碗口粗的木棍砸它，那东西竟然胀到把路堵住了。

正在这时，佛祖从山中走出来，对青年说："小伙子，别动它。它叫仇恨袋，你不犯它，它就小如当初；你侵犯它，它就膨胀起来，与你对抗到底。忘了它，离它远去吧！"

<u>生活中总是有一些人心胸不够开阔，一点点小事就足以让他们心烦意乱。当别人无意中惹到他们时，他们总是抱着"以牙还牙，以眼还眼"的决心，摆出一副寸土必争的姿态去面对生活中一些鸡毛蒜皮的小事。他们做人的原则就是半点亏不吃，但实际上往往是这种人容易吃大亏。</u>

也要给别人一个权力范围

一个年轻人抱怨妻子近来变得忧郁、沮丧，常为一些鸡毛蒜皮的事对他嚷嚷，并开始骂孩子。这都是以前不曾发生的。他无可奈何，开始找借口躲在办公室，不想回家。

这天，他在磨磨蹭蹭的回家途中遇到了慧明禅师。看着他一脸的沮丧，慧明禅师问他怎么了。

年轻人回答说，为了装饰房间和他妻子发生过争吵。他说："我爱好艺术，远比妻子更懂得色彩，我们为了各个房间的颜色大吵了一场，特别是卧室的颜色。我想漆这种颜色，她却想漆另一种颜色，我不肯让步，因为她对颜色的判断能力不强。"

慧明禅师问："如果她把你办公室重新布置一遍，并且说原来的布置不好，你会怎么想呢？"

"我决不能容忍这样的事。"年轻人答道。

于是，慧明禅师解释："你的办公室是你的权力范围，而家庭以及家里的东西同时也是你妻子的权力范围。如果按照你的想法去布置'她的'厨房，那她就会有你刚才的感觉，好像受到侵犯似的。当然，在住房布置问题上，最好双方能意见一致，但是，如果要商量，妻子应该有否决权。"

年轻人恍然大悟，回家对妻子说："你喜欢怎么布置房间就怎么布置吧，这是你的权力，随你的便吧！"

妻子非常感动，后来两人言归于好。

人们总是用自己的标准去要求别人，而且还总是自以为是，其实每个人都有自己的想法和观念，所以应该做的就是要尊重他人的自由权利和习惯。善于原谅对方的缺点，善于融合自己与他人的不同之处。做一个肯理解、容纳他人的优点和缺点的人，才会受到他人的欢迎。而对人吹毛求疵，又批评又说教没完没了的人，不会有亲密的朋友，人家对他只有敬而远之。夫妻生活和其他许多人际关系一样，会有这样那样不尽如人意的地方。只有采取宽以待人的态度，才有助于矛盾的解决。

擦不净的铜镜

圆心寺有个得道高僧，叫了空，16岁离开父母出家修行，已有近百年了。自出家以来，每日里，青灯黄卷，早诵晚唱，晨钟暮鼓，香熏经洗，自感沾山水之灵气，吸佛道之精华，已经六根清净，六尘不染，了却了一切尘缘。因德高望重，令人高山仰止，一时间圆心寺香客不断，来参禅解悟的也络绎不绝。

一日，来了一个青年，想了却尘缘，皈依佛门，在这里寻一份清静，找一方净土，就跪在了高僧的面前，说："师父，请收下我做你的徒弟吧。"

高僧看了看他，说："你真的能了却尘缘？"

青年肯定地点点头。

高僧的心里突然闪出一个奇怪的念头，他不相信眼前这个青年能了却尘缘，一心向佛。于是，高僧拿出一个早已蒙尘的铜镜，递给青年，说："佛门净地，纤尘不染。既入空门，尘缘必了。镜如尔心，若能擦净，再来。"

青年拿起铜镜跪别而去。回到家，净了身，燃了香，心无杂念，虔诚地拿起铜镜擦了起来。上面的浮尘轻轻一擦就掉了。然而，有几个黑色的印痕却怎么也擦不掉。于是青年拿出一块磨石，打磨了起来，就这样起早贪黑打磨了半个月，铜镜终于光鉴照人。

青年拿着铜镜又来见高僧。高僧看了看，摇摇头。

青年不解，问高僧："难道铜镜还没有擦净？"

高僧微微笑道："你再用心地看看。"

青年拿起铜镜，看了又看，终于看见了一道印痕。这道印痕若隐若现，如丝线般在光亮的镜子上。

青年脸红了一下，接过镜子走了。

青年回到家里，依然孜孜不倦地磨那个镜子，无论春夏秋冬，从来没有停息过，因为他的心早已断绝红尘皈依了佛门。

一缕佛光燃亮了希望，一盏心灯照亮着行程。为了心中的希望，青年的手早已磨出了厚厚的老茧，腰也坐得如弓一般难以直起。

直到那个铜镜被磨得薄如蝉翼，那个痕印还是没有被磨去。

青年不知道这印痕有多深，拿起镜子反过来一看，发现那个印痕已经透到了镜子后面。

青年绝望了，他知道，镜子上的印痕无论如何也磨不掉了。他想，一定是高僧以为自己没有诚心，难绝尘缘，才弄了这么一个镜子暗示他。青年感到佛光消失了，心里的那盏灯也熄灭了，眼前一片黑暗。他不禁仰天长叹：佛啊，看来我今生是与你无缘，于是便悬梁自尽了。

高僧懊悔不已，忽然感到自己的生命之灯到了油尽灯枯的时候。高僧圆寂时，在生命的最后时刻，最先出现在他脑海里的不是佛祖，而是他的父母。

高僧心里长叹：看来自己也是难了尘缘，近百年的修行仍难成正果，更何况那个青年啊。人心如果真的如镜，除了没有瑕疵，为什么就不能博大一些呢？谁又能把前尘过往擦得不留一丝痕迹？看来，人是多么需要有一颗宽容和包容的心啊。

高僧圆寂了。佛祖却宽容地留下了他，他成了佛。

无论你是人还是佛都应该拥有一颗宽容的心，这是世间最基本的人生情怀。拥有宽容的心你才不会为难自己，才不会使自己走上不归路，才不会因为错失很多事情而悔恨。

不同的气候

有一位母亲，很不喜欢自己的儿媳妇，却很喜欢女婿。

一个夏天的夜晚，一家人全都睡在屋顶花园里。母亲看见儿子和媳妇挨着躺在一起，不由火冒三丈。她过去推醒他们并喊道："这么热的天，你们怎么睡得这么近？这不利于健康……"

在花园的另一角，睡着她的女儿和女婿，这两口子中间有一人的空隙。

母亲走过去，轻轻地把他们叫醒，温柔地说："亲爱的，晚上凉，你们为什么不靠得近些啊？"

儿媳妇听到了婆婆这番话，心想："天哪！同一个屋顶花园里竟有如此不同的气候。"

同一个屋顶花园，却有着如此悬殊的气候差异。一味地凭着自己的情绪好恶判断事情的是非曲直，并不是一种理性的做法，那只会让你丧失做事的原则和根本，在人际交往中陷入极为尴尬的境地。

听比说更能解决问题

乌顿在纽约的一家百货商店买了一套衣服。可这套衣服穿上却很令人失望：上衣褪色，把他的衬衫领子都弄黑了。不得已他又来到该商店，找卖给他衣服的店员，告诉她事情的情形。乌顿想诉说此事的经过，却被店员打断了。店员一再声称：他们已经卖出了数千套这种服装，乌顿是第一个来挑剔的人。正在乌顿和店员激烈争论的时候，另一个店员也加入了，他说所有黑色衣服都要褪一点颜色，并强调这种价钱的衣服就是如此。

当时，乌顿听到这些，简直气得冒火，店员不仅怀疑他的诚实，而且还暗示他买的是便宜货。乌顿恼怒起来，正要骂他们，正好经理走过来。他懂得他的职责，正是他使乌顿的态度完全改变了。

他先静静地听乌顿讲述了事情的经过。当乌顿说完时，店员们又开始插话表明他们的意见。而此时经理却站在乌顿的立场与他们辩论。他不仅指出乌顿的衬衣领子是明显地被衣服所污染，并坚持说，不能使人满意的东西就不应在店里出售。他承认自己不知衣服褪色的原因，并请乌顿提出他的要求。

就在几分钟前，乌顿还预备要店员留下那套可恶的衣服，但现在却决定听取经理的意见。经理建议乌顿再试穿一周，如果到时仍不满意，就来换，并向乌顿道歉。乌顿非常满意地走出了该商店，一周后这衣服没有毛病，乌顿对那商店的信任又完全恢复了。

从人性的本质来看，每个人最关心的都是自己，佛家并不否认这一点。在任何时候都要做一个善于静听的人，鼓励别人多谈论自己。这样，不但能够让你得到对方的信任和喜欢，还能够让你更清楚地了解对方，认清自己，何乐而不为呢？

尊重是沟通的前提

谁也无法说服他人改变。我们每个人都守着一扇只能从内开启的改变之门，不论动之以情或晓之以理，我们不能替别人打开那扇门。

一位女士在圣诞节期间，带着她5岁的儿子在一家大百货公司购物。她认为，当儿子看到这家百货公司的装饰、橱窗展览以及圣诞玩具之后，一定会十分高兴。她拉着儿子的手，走得很快，使得儿子那双小腿几乎跟不上。儿子开始大哭大闹，紧紧抓住母亲的外衣。"老天爷，你到底怎么了？"她很不耐烦地训斥儿子："我带你来，是要你分享一下圣诞节的气氛。圣诞老人不会把玩具送给那些又哭又闹的孩子。"儿子还是吵闹不休，她则忙着抢购圣诞节前最后一分钟大抛售的物品。"如果你不马上停止吵闹，我以后永远不再带你出来买东西了。"她警告他。"哦！对了，是不是因为你的鞋带松了，被鞋带绊住了？"她一边说，一边就在台阶上蹲下来，替她的儿子绑鞋带。

就在她蹲下来的时候，她凑巧抬头看了一看。这是她第一次透过5岁儿子的眼睛来看一家大百货公司。从那个角度望上去，看不到美丽的商品、珠宝饰物、礼物、装饰美丽的柜台，或是玩具，所能看到的全是迷宫似的走道，到处都是烟囱似的长腿和背影。这些大山似的陌生人，一双双脚犹如溜冰板，他们推来推去，又抢又夺，又奔又跑。这种情形不仅不好玩，简直可怕极了！她立即决定把她的小孩子带回家，并对自己发誓说，绝对不再把她的想法强加在他身上。

在他们走出百货公司的途中，这位母亲注意到，圣诞老人坐在一个装饰得像北极风景的亭子里。她想，如果能让她的小孩子亲自与圣诞老人见面，将会使他忘掉方才那可怕的一幕，而让他记得采购圣诞物品是一次愉快的活动。

"去和其他的小孩子一样，等一等坐到圣诞老人的膝上。"她这样哄着他，"告诉他，你希望得到什么圣诞礼物。你在讲话时要面带笑容，这样，我才能替你拍照，并把照片镶入我们家的相册中。"

虽然他们已经见到一位圣诞老人站在百货公司大门口外面摇着铃，另外还有一个圣诞老人在购物中心内，但这位母亲还是把她的小儿子推向前，要他和这个圣诞老人做一番愉快的交谈。这个怪模怪样的男子戴着假胡须和眼镜，身穿红色外衣，红衣里还塞了一个枕头，他把这个小男孩抱在膝上，哈哈大笑，然后用手指轻触小男孩的肋骨，向他搔痒。

"你想要什么圣诞礼物呢？孩子。"圣诞老人很和蔼地问道。

"我想下去。"小男孩轻声回答说。

<u>佛家讲众生平等，这种平等体现在看待一切人与事物上，它告诉我们，不要把你的意志强加到别人的身上，因为每个人都有自己独特的思维方式和生活经验。尊重对方的想法，在充分了解对方的基础上才能进行有效的交流。同时，注意聆听对方的谈话；适时地问问对方的想法和观点，也有利于拉近彼此的距离，创造出和谐良好的交际氛围。</u>

第八章
参悟世事——让温暖的力量从心底升起

也许因为受到尘世中名缰利锁的牵制，你不能不拖着疲惫的脚步，去追求一个个具体的生活目标，但是只要你参悟世事，就能刹那抛开心灵的束缚，修成人生的"成果"。

看清三种人生

有一天,佛陀带弟子们坐船。当船行到湖中央时,他问其中一弟子:"有一种东西,跑得比光速还快,瞬间能穿越银河系,到达遥远的地方,这是什么?"

有个弟子争着回答:"是意念。"

佛陀满意地点点头:"那么,有另外一种东西,跑得比乌龟还慢。当春花怒放时,它还停留在冬天。当头发雪白时,它仍然是个小孩子的模样,那又是什么?"

弟子们一脸困惑,答不出来。

"还有,不前进也不后退,没有出生也没有死亡,始终漂浮在一个定点。谁能告诉我,这又是什么?"

弟子们全都愣住了,面面相觑。

"答案都是意念。它们是意念的三种表现,换个角度来看,也可比喻成三种人生。"佛陀望着聚精会神的弟子,继续解释,"第一种是积极奋斗的人生:当一个人不断力争上游,对明天永远充满希望和信心时,他的心灵就不受时空的限制,他就好比是一只射出的箭,总有一天会超越光速,驾驭于万物之上。第二种是懒惰的人生:他永远落在别人的屁股后面,捡拾他人丢弃的东西,这种人注定会被遗忘。第三种是醉生梦死的人生:当一个人放弃努力、苟且偷生时,他的命运是冰冻的,没有任何机会来敲门,不快乐也无所谓痛苦。"

看清三种人生,有利于我们进步。什么是进步的人生,什么是懒惰的人生,什么是醉生梦死的人生。看清了,便会自己给自己敲警钟,迈着更有力的步伐在积极奋斗的人生道路上前进。

别做晒躯壳的人

有位孤独者倚靠着一棵树晒太阳,他衣衫褴褛,神情萎靡,不时有气无力地打着哈欠。

一位僧人从此经过,好奇地问道:"年轻人,如此好的阳光,如此难得的季节,你不去做你该做的事,懒懒散散地晒太阳,岂不辜负了大好时光?"

"唉!"孤独者叹了一口气说,"在这个世界上,除了我自己的躯壳外,我一无所有。我又何必去费心费力地做什么事呢?每天晒晒我的躯壳,就是我做的所有事了。"

"你没有家?"

"没有。与其承担家庭的负累,不如干脆没有。"孤独者说。

"你没有你的所爱?"

"没有,与其爱过之后便是恨,不如干脆不去爱。"

"你没有朋友?"

"没有。与其得到还会失去,还不如干脆没有朋友。"

"你不想去赚钱?"

"不想。千金得来还复去,何必劳心费神动躯体!"

"噢。"僧人若有所思,"看来我得赶快帮你找根绳子。"

"找绳子干吗?"孤独者好奇地问。

"帮你自缢。"

"自缢?你叫我死?"孤独者惊诧道。

"对。人有生就有死,与其生了还会死去,不如干脆就不出生。你的存在,本身就是多余的,自缢而死,不是正合你的逻辑吗?"

孤独者无言以对。

"兰生幽谷，不为无人佩戴而不芬芳；月挂中天，不因暂满还缺而不自圆；桃李灼灼，不因秋季将至而不开花；江水奔腾，不以一去不返而拒东流。更何况是人呢？"僧人说完，拂袖而去。

物有盛衰，人有生死。顺应自然，投入地活着，相信自己的能力，实现自我的最大价值，才是人生应取的态度。踏踏实实，舍弃急功近利的思想去做好眼前的每一件事，这就是道。

半年人生

有五个青年结伴来到一座禅院，向禅师询问生命的意义。禅师对他们说："你们还有半年的生命了。在这半年里，我乞求佛祖保佑你们想得到什么，就能得到什么。"

第一个青年想："反正我只能活半年了，那我就吃遍天下的山珍海味吧。"于是，半年时间他几乎都是在饭店度过的。

第二个人连想都没想，就背起行囊，游遍天下名胜古迹。

第三个人一心想当官，果然当上了自己想要的官职。

第四个人则利用这半年的时间，写成了一部恢弘巨著。

第五个人一听说自己只有半年时间，他心灰意冷，昏昏沉沉地睡了6个月。

半年后，他们都没死，很生气。于是就结伴来找禅师算账。禅师则对他们说："命运还是得由自己来掌握，即使只能活半年，也应该活得精彩。如何活都是你们自己的选择。"

一分耕耘，一分收获。人生的好坏成败，关键在于自己如何定位和把握。

看到的与真实的

一个老和尚带着一个小和尚在云游中来到一个富有的家庭借宿。这家人对他们非常不友好，并且拒绝让他们在舒适的卧室过夜，而是在冰冷的地下室给他们找了一个角落。当他们铺床时，老和尚发现墙上有一个洞，就顺手把它修补好了。小和尚问为什么，老和尚答道："有些事并不像它看上去那样。"

第二晚，两人又到了一个非常贫穷的农家借宿。主人夫妇俩对他们非常热情，把仅有的一点点食物拿出来款待客人，然后又让出自己的床铺给他们。他们自己则在地上铺了些稻草睡下。第二天一早，他们发现农夫和他的妻子在哭泣，原来他们唯一的生活来源，那头奶牛死了。小和尚看到这种情况非常愤怒，他质问老和尚为什么会这样：第一个家庭什么都有，老和尚还帮助他们修补墙洞，第二个家庭尽管如此贫穷还是热情款待客人，而他却没有阻止奶牛的死亡。

"有些事并不像它看上去那样。"老和尚答道，"当我们在地下室过夜时，我从墙洞看到墙里面堆满了古代人藏于此地的金块。因为主人被贪欲所迷惑，我不愿意让他分享财富，所以把墙洞填上了。昨天晚上，死亡之神是来召唤农夫的妻子的，我没有办法，只好让奶牛代替了她。所以有些事并不像它看上去那样。"

在生活中遇到事情要多思多想，不要听到些什么或看见些什么就妄下结论。人的感觉器官是用来搜集信息的，如果不经过大脑分析就下定论，就会产生错误，甚至会伤害到你的亲人和朋友，所以下结论和行动一定要三思，否则就会酿成大错。

没时间老

佛光禅师门下的大弟子大智，出外参学 30 年后归来，正在法堂里向佛光禅师述说此次在外参学的种种经历，佛光禅师总以慰勉的笑容倾听着，最后大智问道："师父，这 30 年来，您老一个人还好？"

佛光禅师道："我很好，每天在法海里泛游，讲学、说法、著作、写经，世上没有比这更欣悦的生活了。我每天忙得很快乐。"

大智关心地说道："师父，您应该多一些时间休息！"

夜深了，佛光禅师对大智说道："你休息吧，有话我们以后慢慢谈。"

清晨在睡梦中，大智隐隐中就听到佛光禅师的禅房传出阵阵诵经的木鱼声。

白天，佛光禅师总不厌其烦地对一批批来礼佛的信众开示，讲说佛法，一回禅堂不是拟定信徒的教材，便是批阅学僧的心得报告，每天总有忙不完的事。

好不容易看到佛光禅师刚与信徒谈话告一段落，大智忙过来抢着问佛光禅师道："师父，分别这 30 年来，您每天的生活仍然这么忙碌，怎么都不觉得您老呢？"

佛光禅师道："我没有时间觉得老呀！"

"没有时间老"，这句话后来一直在大智的耳边回响。

世人，有的还很年轻，但心力衰退，年纪轻轻，但心已老；有的年寿已高，但心力旺盛，仍感到精神饱满，老当益壮。"没有时间老"，其实就是心中没有老的观念，等于孔子说："其为人也，发愤忘食，乐以忘忧，不知老之将至。"

重要的是心

千利休是日本茶道的鼻祖,同时又是有名的一休禅师的得意弟子,他当时在日本的社会地位非常尊贵。

有一次,宇治这个地方一个名叫上林竹庵的人邀请千利休参加自己的茶会。千利休答应了,并带众弟子前往。

竹庵非常高兴,同时也非常紧张。在千利休和弟子们进入茶室后,他开始亲自为大家点茶。但是,由于他太紧张了,点茶的手有些发抖,致使茶盒上的茶勺跌落、茶笼倒下、茶笼中的水溢出,显得十分不雅。千利休的弟子们都暗暗在心里窃笑。

可是,茶会一结束,作为主客的千利休就赞叹说:"今天茶会主人的点茶是天下第一。"

弟子们都觉得千利休的话不可思议,便在回去的路上问千利休:"那样不恰当的点茶,为什么是天下第一?"

千利休回答说:"那是因为竹庵为了让我们喝到最好的茶,一心一意去做的缘故。所以,他没有留意是否会出现那样的失败,只管一心做茶。这种心意是最重要的。"

对于茶道来说,重要的是心。不管多么漂亮的点茶,多么高贵的茶具,没有心的真诚,就没有任何意义。

站在高处

乌鸦站在树上，整天无所事事。

兔子看见乌鸦，就问它："我能像你一样站着，每天什么也不干吗？"

乌鸦说："当然，有什么不可以。"

于是，兔子在树下的空地上开始休息。

忽然，一只狐狸出现了。它跳起来抓住兔子，把它吞进肚子。

具备足够的能力，才可以占据一定的地位。否则，眼高手低，最终受苦的人则只会是自己。站得高的人，自然也看得更远，无论是视野还是心胸也会更加开阔。不要只看到高处，只看到眼前所谓的"轻松"，殊不知，任何一种高度都是凭着脚踏实地的努力换来的。

人生不等待弱者

两人结伴横穿沙漠，水喝完了，其中一个中暑生病，不能行动。剩下的那个健康而又饥饿的人对同伴说："好吧，你在这里等着，我去寻找水源。"他把手枪塞在同伴的手里说："枪里有五颗子弹，记住，三个小时后，每小时对空鸣枪一声，枪声指引我，我会找到正确的方向，然后与你会合。"

两人分手，一个充满信心地去找饮水，一个满腹狐疑地卧在沙漠里等待。他看表，按时鸣枪。除了自己以外，他很难相信还会有人听见枪声。他的恐惧加深，认为那同伴找水失败，中途渴死。不久，又相信同伴找到水，弃他而去，不再回来。

到应该击发第五枪的时候，这人悲愤地思量："这是最后一颗子弹了，伙伴早已听不见我的枪声，等到这颗子弹用过之后，我还有什么依靠呢？我只有等死而已。而且，在一息尚存之际，兀鹰会啄瞎我的眼睛，那是多么痛苦，还不如……"他用枪口对准自己的太阳穴，扣动了扳机。

可是不久，那提着满壶清水的同伴领着一队骆驼商旅循声而至。但他所找到的只是一具尸体。

人生难免会遇到许多不如意，不要以为别人的世界都是多姿多彩的，无忧无虑的，人人都有一本难念的经。每个人都各有各的幸福，各有各的不幸，关键是用哪种态度去面对。在困境中如果你认为自己真的失败了，那你就永远失去了成功的机会。

强大与弱小

在通向天池的路上，一棵巨树躺在山谷里，这棵有三百多年树龄的山榆树，不是被山洪毁掉的，而是被一群不起眼的蚂蚁咬死的。它们在树的根部做了一个窝，一点一点地把树根给掏空了。

非洲有一种吸血蝙蝠，在非洲大草原上它是很小的一种动物，然而，它却是野马的天敌。这种蝙蝠时常趴在马腿上，用锋利的牙齿迅速咬破野马腿，然后再用尖尖的嘴吸血。野马血流如注，疼痛难忍，然而它无论怎么蹦跳和奔跑，都无法驱逐这种蝙蝠。最后野马在暴怒和流血中无可奈何地死去。

在现实生活中，将你击垮的有时并不是那些巨大的挑战，而是一些

非常琐碎的小事。

那些看似微不足道的小事，却能无休止地消耗人的精力，正像那蚂蚁和蝙蝠一样，能把强大的生命置于死地。

替代

有个人牙痛得很厉害，坐在院子里决定不了是不是要去看牙医。

他想应该喝一杯茶、吃一片涂了果酱的面包，他把茶和面包拿到手上，然后咬了一口面包。他没有留意到有只黄蜂停在涂有果酱的面包上。他这一咬，激怒了黄蜂，就在他的牙龈上重重地叮了一口。他赶快跑进屋，照照镜子，发现牙龈肿得又红又大。他涂了药，又敷上冷毛巾，痛才慢慢消失。黄蜂叮的痛消失以后，他突然发现牙痛也没有了。

一位医生听了这个故事之后说："有时痛可以用另一种痛来抵消。"

生命不能空虚，不要长久地停留在某个空虚或伤痛之上，试着用别的东西来替代它。

命运线全在自己的手上

易先生毕业以后大概做过十几种不同的工作，当过大学老师，做过公务员，做过歌厅串场歌手，开过餐馆，做过流水线工人，搞过装修、房地产……最后都以失败告终。

一次，在九华山的一座寺庙里，他和一位老和尚聊起了命运。

易先生问这位老和尚："世界上到底有没有命运？"

老和尚答道:"当然有。"

易先生说:"既然有命中注定,那奋斗还有什么用?"

老和尚笑而不答,他抓起易先生的左手,先说了手上有生命线、事业线之类算命的话,然后他让易先生举起左手并攥成拳头。

当易先生拳头攥紧之后,老和尚问他:"那些命运线在哪里?"

他机械地答道:"在我的手中啊。"

当这位老和尚再次追问这个问题时,易先生恍然大悟,命运其实就在自己的手中。后来每当遇到挫折时,易先生就会暗暗攥紧拳头对自己说:"命运其实就在自己的手中。"这个信念一直帮助他走到今天,走向了成功!

<u>一切的决定、思考、感受、行动都受控于某种力量,它就是我们的信念。有什么样的信念,就决定你有什么样的力量。</u>

亲眼所见未必真

有一天晚上,韩国的镜虚禅师带一女人回到房中后,就关起房门,在房里同居同食。徒弟满空生怕大众知道这事,一直把守门外,逢到有人找师父镜虚禅师时,就以"禅师在休息"的话来挡驾。

但满空心想这样下去也不是办法,就鼓起勇气去找师父。才进门口,竟然看到一个长发披肩的女人躺在床上。

徒弟一见,非常冲动,再也无法忍耐,向前一步,大声问道:"师父啊!您这样做还能算是大师风范吗?您怎样对得起十方大众呢?"

镜虚禅师一点也不动气,轻言慢语地说道:"我怎么不可为大众楷模了呢?"

弟子满空用手指着床上的女人,以斥责的语气道:"你看!"

镜虚禅师却平和地对徒弟说:"你看!"

因为师徒的对话,床上的女人缓缓转过身来,徒弟猛一看,只见一张看不到鼻子、眉毛,连嘴角也烂掉的脸,原来是一个患了麻风病的疯女人正哭笑不清地望着自己。

这时,师父把手上的药往满空面前一伸,泰然地说:"喏!那么你来吧!"

满空跪了下来,说道:"师父!你能看的,我们不能看;你能做的,我们不能做!弟子愚。"

有时,我们亲眼所见,亲耳所闻的,也不一定是事实的真相。

局部的失败

有一个老和尚教一个小沙弥保存香菇,老和尚教小沙弥把香菇用一个个塑料袋包装起来,小和尚不知其理,心想:师父这样做真麻烦。但还是按师父的要求做了。

到了秋天,师父要小和尚拿出以前储藏的香菇来吃,小和尚听从吩咐去拿。

一会儿,急忙跑回来说:"师父不得了啦,香菇腐烂了,不能吃了!"

师父不急不忙地说:"你再打开其他的看看。"

小和尚又跑去拿,这一次小和尚笑嘻嘻地对师父说:"这一筐香菇只有几个是坏的,其他的都是好的,都能吃。"

这时师父对小沙弥说:"人生也是一箩筐的矛盾果,只要用心把一个个矛盾果像包装香菇那样用塑料袋包起来,那么局部的挫折、失败并不影响获得更大的成功,就像一箩筐的香菇只有几个是坏的,大部分还

是好的，是能吃的。"

禅说，局部的失败是肯定的，但要相信今后会获得更大的成功，不要因一次小小的失误而低头，意志消沉。

三文钱买饼

有一个禅宗寺院的长老，精通做大饼的技巧。他们寺院做出来的大饼又香又甜，上山来的香客都非常喜欢，纷纷花钱购买品尝，香火很是旺盛。

有一天，一个从远方来的落魄的乞丐来到寺院，吵嚷着要品尝大饼。小和尚们看他脏兮兮的邋遢样，就不让他进厨房，双方僵持不下。

这时候长老出现了，他训斥徒弟们说："出家人慈悲为怀，你们怎么可以这样呢？"于是他亲自为这个乞丐挑选了一个大饼，恭恭敬敬地送给他品尝。

乞丐非常感动，吃完后掏出唯一的三文钱说："这是我乞讨来的全部的钱，希望长老你能收下。"长老居然真的收下了，双手合十道："施主一路走好！"

徒弟们非常纳闷，问长老说："既然是施舍给乞丐，怎么又收钱呢？"长老答道："他不远千里而来，只为品尝这大饼，所以要免费给他品尝；难得他有这么上进的心，懂得为人处世之道，所以要收下他三文钱。有了这份尊重的激励，他将来的成就必定不可限量。"

徒弟们根本不以为然，心里暗想我们的师父真是老糊涂了，大概在说梦话吧。

几十年后，一位大富大贵的商人专门上山来拜谢当年的一饭之恩。令许多老和尚大吃一惊的是，他居然就是当初那个花了三文钱吃大饼的乞丐！

施舍大饼能使乞丐免于挨饿之苦，收乞丐的饼钱却能满足他人格上的自尊。吃饱肚子只能解决一时之需，而精神上的尊重却能激励人的一生。

雪融化了，春天来了

有位老师带着一班学生登山赏雪，大家无不惊叹大自然的壮丽。

老师不忘现场教学，就近提了个问题："雪融化了，会变成什么样子呢？"

学生们异口同声地说："水。"

答案正确，老师深感欣慰。

这时，有一个担行和尚，擦着满脸的汗水仰望着天际，带着祈祷的神情说："各位，雪融化了，春天不就要来了吗？"

雪融成水，这是科学的结论；化为春，这是哲学的感悟。科学纯就题论题，哲学则遇题超题。化无情的冰寒为有情的春望，将有限的命题变成无限的生趣，这是何等隽永的慧觉！

真正的男子汉

一位父亲苦于自己的孩子已经十五六岁了还没一点男子汉的气概，他去找得道的禅师，让禅师帮忙训练他的孩子。

"你把他放在我这儿待半年，我一定把他训练成真正的男人。"禅师说。

半年后，父亲来接儿子，禅师让他观看他孩子和一个空手道教练进行的比赛。只见教练一出手孩子就应声倒下，他站起来继续迎战，但马上又被打倒，他又站了起来……

就这样来来回回一共18次。

父亲觉得非常羞愧："真没想到，他居然这么不经打，一打就倒了。"

禅师说："你只看到表面的胜负，却没有看到他倒下去又站起来的勇气和毅力。"

一开始就能站住的人固然让人欣赏，但一次次倒下，又能重新站起来的人则更让人敬佩。毕竟这世界上能一开始就站起来的幸运儿不多，许多人都经过无数次摸爬滚打，才能最终站稳。所以，失败并不可怕，只要有勇气站起来，成功终将属于你。

一切都将过去

有一位富翁整日闷闷不乐、愁眉不展。

一天，富翁贴出告示：谁能够给完美人生一个准确答案，而这个答案必须能够适用于任何一种情况，包括失意、得意、快乐、烦恼、成功、失败……

几天里来了许多人给出了许多答案，但没有一个答案令富翁满意。

这一天，来了一位尼姑。她对富翁说："三天内我一定可以给你一个完美而又令你满意的答案。"

三天后，尼姑送给富翁一张纸条，只见上面写着："一切都会过去。"

人生本来就有起有落、有得有失、有好有坏，这原本是生命的常态，然而这一切都将过去。所以在逆境时，千万不要自暴自弃，在顺境时，也绝对不可得意忘形。

本来面目

有一个喜好交朋友的人，这一天设了一桌丰盛的宴席，邀请他的好友前来赴宴。他们是：萤火虫、猫头鹰、蚕宝宝、星星、苹果和爱情。

在约定的时间，客人们一一到来，一一就座了。

主人看了看席上的客人们，举起杯说道：

"长久以来，我一直敬佩着你们——我在座的朋友们。我敬佩萤火虫温暖而明亮的光，猫头鹰疾恶如仇的品质，蚕宝宝吐尽心丝的深情，星星的神秘，苹果的甜美和爱情的醉人，让我们共同干了这一杯！"

客人们纷纷举起了酒杯，一饮而尽。

这时主人提议，每位客人都把自己最美好的一面展示出来，给大家看看。

萤火虫站了起来，使尽了力气，憋紫了面孔，也发不出光来。

"对不起，尊敬的主人，我此时毫无办法。除非到了夜晚才行。"萤火虫惴惴道。

"那么你坐下吧！"主人不快地说。

该猫头鹰表演了，可是猫头鹰只顾按着一只烧田鼠大嚼，哪里顾得上表演捕捉活田鼠，再说，客人家里哪儿有活田鼠呢？因而猫头鹰一边大嚼盘中美味，一边怪腔怪调地说道："尊敬的主人，我看这盘中田鼠够味儿了，何必让我再费心费力去寻找活物呢？"

"那么你继续吃吧！"主人没有好气地说。下面该蚕宝宝的了。她

第八章
参悟世事——让温暖的力量从心底升起

扭动身躯想吐出丝给大家看，可半天也没吐出来。

"你坐下吧！"主人向这只笨蚕宝宝狠狠瞪一眼。

主人让星星表演闪光。

可这时的星星只是一块灰不溜秋的石头，根本不会闪光，难看极了。

"嘿嘿！其实，其……我并没有你们想象的那么具有力量。"星星尴尬地说。

"换下一个！"主人没理睬星星的表白。

"我很甜美，很甜美！我一定会使您流口水，流口水！来吧，切开我吧，让我成为大家的美味，大家的美味！"

苹果唱完，在桌上一跳，立刻分为六份。

大家正要品尝，却发现一条又白又胖的虫正从苹果核中爬出来。

大家立刻大倒胃口。

"你回去休息去吧，让人间最美好的爱情来表演一番吧！"主人把希望全部寄托在爱情身上。

爱情站起来，为每人斟上一杯说不出是什么颜色的酒。

"现在，请大家品尝吧。"

人们端起爱情酒杯，喝了一口。然而，味道却不一样，有人喊酸不可耐，有人说甜美异常，有人喊又甘又涩，有人喊又麻又辣又烫。又喝了一口，每个人都尝出不同的滋味，一直到把杯中酒喝完，此时客人们已是情态各异了。有人狂笑着，有人痛哭着，有人沉默着，有人呼唤着……整个局面乱成一团。

"骗子！你们这些骗子！我原以为你们是世界上最值得我崇敬的朋友，而实际上，你们骗了我！骗了我！"主人一把掀翻了宴席。

智者说：主人只看到了客人的一面，或者说看错了，却怪客人欺骗了他。其实，这不是欺骗，这是他们本来的面目。

<u>多姿多彩、变化万千的事物构成了一个美好而和谐的世界，从不同</u>

的角度去观察身边事物就会得出不同的感想与结论。凡事都有其两面性，尽善尽美的事物是不存在的，善于运用禅的智慧，全方位地观察身边的一切，你才会透过现象看到本质，认识世界的本来面目。

不动常动

　　高桥泥舟是与胜海舟、山冈铁舟齐名的日本幕府末期的"三枪手"之一，耍得一手好枪。年轻时，他曾拜处静院的住持为师，枪术大有长进。

　　第一次与住持见面谈话时，泥舟马上就自诩自己的枪术如何高明。住持默默地听完他的自诩之言，然后笑笑说："老衲对于枪也多少有些心得。我俩较量较量如何？"泥舟立即跳到庭院当中，操起一根晾衣竿准备进攻。住持手里只捏着一双筷子。泥舟用力刺过去时，住持出筷一夹。泥舟刺了数次，却未损住持分毫，倒是自家已汗流浃背，最终以认输告终。泥舟问和尚的心得是什么，和尚说："没有什么秘诀，真要说的话，它可谓'山高水深，山闲风静'，或者是'眼横鼻直'，或者说'柳绿花红'也可。"

　　泥舟从此用心参究佛法。几年过去了，和尚什么也没有教他，他仍然一心一意坚持去穷尽枪术的绝招、秘诀。一天，他读到快川国师说的"灭却心头火自凉"一句，顿时体悟了不动常动的悟境。

　　"灭却心头火自凉"，人生也如此。如果我们能保持内心的平静，不受太多欲望的诱惑，专注于某件事情，我们必可在此领域取得成就。所谓"不动常动"，"以不变应万变"，关键在于首先战胜自己，让自己的心平静下来，然后便可化解一切攻击，处于不败之地。

都是人生的旅客

有一次，正在云游宣扬佛法的憨山大师迷了路，不知走了多久，才在漆黑的夜空见到一盏灯火。他定睛一看原来是一户人家，立刻兴奋地奔上前去请求借宿。

"我家又不是旅店！"屋主听到他所提出借宿一晚的要求后，立刻板着脸拒绝。

"我只要问你三个问题，就可以证明这屋子就是旅店！"憨山大师笑着说道。

"我不信，倘若你能说服我，我就让你进门。"屋主也爽快回答。

"在你以前谁住在此处？"

"家父！"

"在令尊之前，又是谁当主人？"

"我祖父！"

"如果施主过世，它又是谁的呀？"

"我儿子！"

"这不就结了！"憨山大师笑道，"你不过是暂时居住在这儿，也像我一样是旅客。"

当晚他就在屋里舒舒服服地睡了一觉。

对于生活来说，我们每个人都是人生的旅客。好好地珍惜现在，就是人生最大的收获，把握住眼下的时光，也就是最大的成功。

同样的事情

很久以前有一个老妇人，与一个独生子相依为命。老妇人原以为可以与独子长相依靠的，不料独子突然得了重病，不治而亡。

老妇人的邻居帮助老妇人把死者埋了，老妇人痛失爱子，死也不肯离开坟地。她不吃不喝，哭呀哭呀，只想与儿子一道离开人世。就这样过了四五天，老妇人果然气息奄奄，命在旦夕了。

这时，虚竹大师来到老妇人身边，问道：

"你为何停在坟间不肯离去呢？"

"唉！我唯一的爱子离我而去，我痛不欲生，只求同儿子一道离开人世。"老妇哭着说。

虚竹大师又问老妇："你想不想让儿子活过来呀？"

老妇一听，精神倍增，说："当然想呀，你可有什么办法吗？"

虚竹大师道："你如果能找来一种香火，我便可以拿着此火为你儿子许愿，叫你儿子复活。"

"那是什么样的香火呢？"老妇问。

"这种香火就是从来没有死过人的人家燃着的香火，你去把它找来吧。"虚竹大师说。

老妇听信虚竹大师的话，便四处讨香火去了。

每到一户人家，老妇就问：

"你家死过人吗？"

"死过，曾死过不少人呢。"

老妇继续走，每到一户，老妇依旧问：

"你们家以前死过人吗？"

第八章
参悟世事——让温暖的力量从心底升起

"死过,我们的祖先都在我们前面死了。"

"怎么会没死过人呢?"回答几乎千篇一律。

老妇跑了许多路,问了不知多少户人家,每家的回答,几乎一模一样。无可奈何,老妇回来了,告诉虚竹大师:

"我已经遍求所有人家,却没有一家没有死过人的,这样的香火看来我是取不来了。"

虚竹大师说:"既然如此,你又何必为死了儿子而过度悲伤呢?"

老妇人恍然大悟。

几乎每个人在生活中都要遭受类似失去亲人的不幸,我们要冷静客观地看待这种境遇,不要因此而盲目地怨天尤人。

人生的意义需要自己确定

在一所很有名望的大学里,作家毕淑敏正在演讲。从她演讲一开始就不断地有纸条递上来。纸条上提得最多的问题是——"人生有什么意义?请你务必说实话,因为我们已经听过太多言不由衷的假话了。"

她当众把这个纸条念出来了,念完这个纸条以后台下响起了掌声。她说:"你们今天提出这个问题很好,我会讲真话。我在西藏阿里的雪山之上,面对着浩瀚的苍穹和壁立的冰川,如同一个茹毛饮血的原始人,反复地思索过这个问题。我相信,一个人在他年轻的时候,是会无数次地叩问自己——我的一生,到底要追索怎样的意义?

"我想了无数个晚上和白天,终于得到了一个答案。今天,在这里,我将非常负责地对你们说,我思索的结果是人生是没有任何意义的!"

这句话说完,全场出现了短暂的寂静,如同旷野。但是,紧接着就

响起了暴风雨般的掌声。

她接着又说:"大家先不要忙着给我鼓掌,我的话还没有说完。我说人生是没有意义的,这不错,但是——我们每一个人要为自己确立一个意义!是的,关于人生意义的讨论,充斥在我们的周围。很多说法,由于熟悉和重复,已让我们从熟视无睹到感到厌烦。可是,这不是问题的根本。真谛是,别人强加给你的意义,无论它多么正确,如果它不曾进入你的心里,它就永远是身外之物。比如我们从小就被家长灌输过人生意义的答案,在此后漫长的岁月里,谆谆告诫的老师和各种类型的教育,也都不断地向我们批发人生意义的补充版。但是有多少人把这种外在的框架,当成了自己内在的标杆,并为之下定了奋斗终生的决心?"

人要为自己的人生定义。

人生的意义是一个古老的话题了,从我们刚刚懂事的时候起,关于"人生意义"的教诲便一刻也没有停歇过。同时,这也是佛学里不断探究的一个命题。然而,即便如此,又有几人能够真正清楚地知道自己人生的意义呢?如果不是有过深入的思考,树立长远的目标,恐怕一生就要在浑浑噩噩中虚度了。

运用知识比拥有知识更重要

第一次世界大战期间,美国芝加哥某报登了一篇社论,在其诸多论点之中,亨利·福特被称做"无知的反战者"。福特先生针对此言论提出抗议,并诉诸法律,控告该报诽谤他。法庭审理该案时,报方律师为证明报社无罪,要求法庭请福特先生本人出庭,以便向陪审团证明其无知。

报社委任的辩护律师问了福特先生各种问题,其目的只有一个,那

就是要福特先生自己来证明：他虽然了解一点制造汽车的相关专业知识，但总体上仍是一个无知者。

最后，福特讨厌透了这一长串的问答，在又碰到一个特别不怀好意的问题时，福特先生就靠过去，伸出手指对着发问的律师说："如果我真的要回答你刚才提出的愚蠢问题，以及你们从开始到现在一直在问的那些问题，我可以提醒你一点，我的书桌上有一排电钮，只要按一下电钮，立刻就可以叫来帮忙的人。只要是我问一些跟行业相关的问题，他们都会为我解答。那么，请你耐心地告诉我，有这些人在我身边随时提供我想知道的知识，我何必为了能回答问题，而让自己的头脑塞满了一般性的知识呢？"显然，这个回答确实有道理。

这个答复击败了那位律师。在场的每个人都心知肚明，这个回答不是无知者的答案，任何一个有智慧的人都知道，在需要知识时，该上哪去取得知识，并且知道要如何把知识组织为确切的行动方案。亨利·福特凭借其"智囊团"，随时运用这些知识，并最终成为全美首富。

禅宗的六祖慧能不识字，但这不妨碍他成为一代宗师。掌握知识的关键是要运用知识，只有对各种专业知识的高度规划和精心主导，才能够发挥知识的能量。如果只知道学习而不懂得运用，那只是个"书呆子"。一个人不一定要具备各种专业知识，只有掌握了学习的方法，懂得组织和安排知识的技巧，才能够把知识变成财富。

这样的感觉

一行人去玩赛车。

头一次玩，除了兴奋，还不免惴惴。

玩赛车就是玩速度。胆大的，几圈过后，就"飞"起来了；胆小的，任别人一再超过他，也不紧不慢。

回来的路上，一行人仍谈论着赛车。有一位说："啊！今天终于有了风驰电掣的感觉。"有一位说："我怎么老觉得不够快。"

众人一听都笑了。原来说"不够快"的，乃是一行人中速度最快的；而有了"风驰电掣的感觉"的，恰是其中最慢的那一位。

初听好笑，细想对极，一个因感觉"不够快"，才会越开越快；一个已感觉到"风驰电掣"了，当然不会再加速了。

人的经历千差万别，人的感觉也会相去甚远。感觉痛不欲生者，其实并不一定是世界上最痛苦的人；感觉春风得意者，不一定是最成功的人。

问题就是希望

有个商人坐在咖啡厅的角落里，独自一个人喝着咖啡。一位老人走上前去问道："您一定有什么难题，不妨说出来，让我给您帮帮忙。"

商人看了他一眼，冷冷地说："我的问题太多了，没有人能够帮我的忙。"

这位老人立刻掏出名片，要商人明天到他的家去一趟。

第二天，商人依约前往。那位老人说："走，我带你去一个地方。"商人不知道他葫芦里卖的是什么药。

老人用车子把商人带到荒郊野外，两人下了车。老人指着坟墓对商人说："你看看吧，只有躺在这里的人才统统是没有问题的。"商人恍然大悟。

禅从来不回避问题，不要怕有问题，只有躺在坟墓里的人才没有问题。坦然地面对眼前的一切，拿出解决问题的勇气和决心，根据问题的

轻重缓急，逐个予以击破。相信再顽固的敌人也会害怕遇上强大的对手，只要你有魄力，一切问题都会迎刃而解，一味地逃避和退缩，早晚会被堆砌的问题所吞没。

追求的是什么

从前，在沙漠中有一座美丽的城堡……

当太阳刚出来时，可以见到城门、瞭望台、宫殿，以及来来往往的行人，但随着太阳渐渐升高，城堡就慢慢消失不见了。

有些人以为它是一个快乐的天堂，却不知道这座美丽的城堡，只是沙漠中空气形成的一个幻象，根本不存在。

有一群从远方来的商人，无意间看到这座沙漠中的城堡，心想如果能够到那里做生意，一定能够赚钱致富。于是，他们飞快地赶去。

然而，当他们越接近城堡时，就越是找不到。这时，他们沮丧地喊着："我好累！我好热！我好渴！"

阳光照在热气上时的景象犹如奔驰中的野马群，他们却以为是水。于是，又急忙向前奔去。但是同样地，他们越是向前走，越是找不到。

渐渐地，他们疲乏到了极点，最后来到峡谷中，忍不住大叫大哭。就在这个时候，他们听到自己的回音，误以为是有人在附近。于是，燃起了一线希望，决定再打起精神继续向前走，结果全身灰头土脸，越走越灰心。

最后，他们终于猛然发现：他们追逐的只是一个个的幻象。刹那间，渴求的心就此停止。这才发现他们将什么都得不到，连回去的路也迷失了。

有美好的追求固然是好事情，但目标一定要明确，不要沉浸在对海市蜃楼的幻想中，否则，到头来一无所获。

度人度心

一个只有一只手的乞丐来到一所寺院向方丈乞讨，方丈毫不客气地指着门前一堆砖头对乞丐说："你帮我把这些砖头搬到后院去吧。"

乞丐生气地说："我只有一只手，怎么搬呢？不愿给就不给，何必捉弄人呢？"

方丈什么话也没说，用一只手搬起一块砖说道："这样的事一只手也能做到的！"

乞丐只好用一只手搬起砖来，他整整搬了两个时辰，才把砖搬完。

方丈递给乞丐一些银两，乞丐接过钱，很感激地说："谢谢你！"

方丈回答说："不用谢我，这是你自己赚到的钱。"

乞丐说："我不会忘记你的。"说完深深地鞠了一躬，就上路了。

过了很多天，又有一个乞丐来到了寺院，方丈把他带到屋后，指着砖堆对他说："把砖搬到屋前就给你银子。"但是这位双手健全的乞丐却不屑一顾地走开了。

弟子不解地问方丈："上次您叫乞丐把砖从屋前搬到屋后，这次您又叫乞丐把砖从屋后搬到屋前，您到底是想把砖放在屋后还是屋前？"

方丈对弟子说："砖放在屋前和屋后都一样，可搬不搬对乞丐来说就不一样了。"

若干年后，一个很体面的人来到寺院。这个人气度不凡，可是美中不足的是他只有一只手，原来这就是当年用一只手搬砖的那个乞丐。自从方丈让他搬砖以后，他找到了自己的价值，然后靠自己的奋斗取得了成功，而那个双手健全的乞丐仍一直在山门外乞讨。

自尊改变命运，行动成就伟业。方丈度人更度心，有真正的慈悲心怀。

不要被表象迷惑

有一个痴者因为自己总是看不到人间的真实，于是去向禅师请教。

"禅师，请你告诉我怎样才能看到人间的真实？我在人生路上艰难地跋涉，到后来我才发现，我始终走在一个表象里。"

"当我被她的甜言蜜语所迷惑，决定娶她为妻时，一转身，就发现她在用相同的语言与别人约会。"

"当我把我的所有赠给一个衣衫褴褛、面色忧郁的路人时，却发现他对我毫无所求。"

"我把对我笑的人当做我的朋友，骂我的人当做我的敌人时，却发现想把我推下深渊的，正是那个对我笑的人。"

"为什么爱我的人偏偏不说爱我？人在我的身边，为何心却走了？怯懦者为何平时总是穿着勇敢的外衣？明明有求于我，为何偏偏要把一箱箱的珍宝送给我……这些表象实在令人迷惑。禅师，请你告诉我，我应该怎样去判断？"

禅师说："年轻人，有时我们眼睛所看到的未必是真相，耳朵所听到的往往是那些扰乱心智的声音。因此，离你而去者也许是真心爱你的人；送你珍宝的可能正是有求于你的人。"

"当一个人送你鲜花，一个则送刺给你，请不要急于断定哪一个是亲你者，哪一个是疏你者。"

"当你看见一个人鲜血淋漓地躺在地上、一个人站在旁边无动于衷时，请不要贸然断定哪个是死者，哪个是生者。"

"当你看到一个黑发者和一个白发者站在一起时，请不要在两者谁是老人的问题上妄下定论。"

"当一个人口齿伶俐、声调高亢，一个人结结巴巴、声音颤抖时，请不要盲目断定哪个是勇敢者，哪个是怯懦者。"

"当你看见一个人在不停地流泪，一个人却在放声大笑时，请不要立刻断定哪一个是欢乐者，哪一个是痛苦者。"

"当你站在冰封雪冻的湖面上，被飘舞的雪花环绕时，请不要认为明天还会是这样；今天的幸福可能会成为明天的痛苦，稍纵即逝的或许正是永恒的……"

痴者听了禅师的这番话后，豁然开悟了，他高兴地说："我明白了。"

"在你对世间万物没有真正领悟之前，请不要说'我明白了'。"禅师接着说。

<u>不要被表象所迷惑，要透过现象看本质，才能正确地待人接物，才能在面对生活、事业时少犯错误。</u>

变得更强

一位拳击高手参加锦标赛，信心十足地认为一定可以夺得冠军。却不料在决赛时，遇到一位实力相当的对手，使他难以招架。拳击高手警觉到自己找不出对方的破绽，而对方的攻击却往往能击中自己的要害。

比赛结果可想而知，拳击高手惨败在对方手下，也失去了冠军的头衔。

他懊恼不已地去少林寺找他的师父，并请求师父帮他找出对方招式的破绽。

师父笑而不语，在地上画了一道线，要他在不能擦掉这条线的情况下，设法让这条线变短。

拳击高手苦思不解，如何能像师父所说，使地上的线变短。他百思不得其解，最后不得不求教于师父。

师父在原先那条线的旁边，又画了一道更长的线。两者相较之下，原先的那条线，看起来变得短了许多。

师父开口道："夺得冠军的重点，不在如何攻击对方的弱点。正如地上的长短线一样，只要你自己变得更强，对方正如原先的那条线一般，也就在无形中变得较弱了。"

<u>应付挫折的道理也正如画线一样。你强它就弱，而你弱它就强。假如你仔细观察自己的困境，将会发现它是值得你利用的法宝。没有巨石挡道，河流中怎能激起汹涌的浪花。因此，我们无论遭遇何种创痛，最要紧的是在创痛中寻找这些意义。</u>

闭上眼睛才能看明白

有一位老和尚正阖着双眼在静坐，这时来了一个生意场上屡屡失败的商人。他想向老和尚求教解脱失败的方法。老和尚在回答他的问题时，自始至终都没有睁开眼睛，他很惊讶。于是，他问："老和尚，您为什么能对世界看得这么清楚？"

老和尚回答："因为我闭着眼睛。"

<u>世间事总没有多少能说得清，道得明。有时越是想弄得清清楚楚，明明白白，却越是会弄得糊里糊涂，难分伯仲。所以，许多事还是不要太明白了。</u>

<u>证明的过程是艰辛的，证明的代价是巨大的，这样即使证明的结果是正确的，那又怎么样？尽管你的初衷是想要弄个明白，结果却证明了是自己不明白。</u>

一切随缘任他去

后唐保福禅师将要圆寂时，向大众说道："我近来气力不济，大概世缘时限已快到了。"

门徒弟子们听后，纷纷说道："师父法体仍很健康"，"弟子们仍需师父指导"，"要求师父常驻世间为众生说法"。

其中有一位弟子问道："时限若已到时，禅师是去好呢？还是留住好？"

保福禅师用非常安详、亲切的口吻反问道："你说是怎么样才好呢？"

这个弟子毫不考虑地答道："生也好，死也好，一切随缘任他去好了。"

禅师哈哈一笑说道："我心里要讲的话，不知什么时候都被你偷听去了。"

说完，禅师就圆寂了。

<u>生死得失常常受外界因素的控制，并非人力所能改变。既然如此，我们所能做的，就是调整好自己的心情，做到宠辱不惊，得失坦然。</u>

全在一个"悟"字

良宽禅师年老的时候，从家乡传来一个消息，说他的外甥整日游手好闲，不务正业，快要倾家荡产了。乡邻都希望老禅师能回去开示他，使他重新做人。

禅师于是步行三日到家，并没有说什么，只是在床上坐一夜。第二日，他对外甥道："我年事已高，手脚颤动，不能自己穿鞋，你能否帮我把它穿上？"外甥念舅舅长年不回家一次，于是就帮他穿鞋。

禅师说："谢谢你了，看，人老的时候就一天不如一天。你之所以会帮我穿鞋，是因为我在你心里还有一席之地。所以，你要好好保重，成就一番事业，为老的时候打好基础。"

说完禅师便走了。他没有对外甥的不良行为提及半句。此后，这个外甥感悟到舅舅的心意，再无浪荡行为了。

禅悟于人，有时反复追问，有时一句不言，有时也暗示含蓄。其特点就是不道破，而得悟者便能幡然醒悟。

偃溪水声

僧人问道："学人初入禅林，请求老师指一条悟禅的道路。"

师备禅师说："你可听到偃溪的水声了？"

僧人说："听到了。"

"这就是你悟入禅道的起点。"

出生的宝宝总先学做人，爬行，坐稳，站立，吃饭，说话，自己大小便，走路。在成人世界里的初始行为，宝宝们却要用经年来学习，到了两岁方可和成年的猴子有所区分，然后方可学习文化，方可成就一番事业。如僧人学禅，听得溪水方有了宁静。

寒天热水洗脚

晓舜禅师上堂讲道："许多地方的禅会里，有弄蛇尾、拨虎尾、跳大海、剑刃里藏身等等机语。在我这里呢，只有冷天用热水洗脚，夜间脱了袜子睡觉，早上起床后扎上绑腿，如果是大风吹倒了篱笆，就唤人用竹篾把它捆扎起来。"

晓舜禅师的意思无非是，人生的意义就在日常的生活里，就在手边的工作中。不要试图脱离现实去求禅问道，洗脚是再平常不过的事情，但谁说这平常之事与人生的意义无关呢？

任凭三尺雪，难压寸灵松

有一次，义青禅师上堂讲法："孤村陋店，莫要在那儿歇脚；祖佛的玄妙关隘，横身直趋而过。尽管如此，早已就如苏秦游说碰壁，项羽刎身乌江，如何能逃脱困顿的命运？诸位禅门高僧来到这里，向前进就落入天魔的掌心，向后退却陷入鬼神的境地。若是不向前不后退，则又沉溺在死水里。诸位仁者，怎么样才能平平稳稳呢？"众僧默然无语。

禅师过一会儿又说道："任凭三尺雪，难压寸灵松。"

进亦难，退亦难。立足之地何在？人生真义何处追寻？义青禅师的教诲对于陷于尘世常感困惑的人无异于醍醐灌顶：不要被外在的表象迷住了双眼，答案就在你自己的内心。

烦恼是佛

赵州从谂禅师有一次游历到北方，僧众们请他住持观音院，从谂禅师上堂讲道："佛是烦恼，烦恼是佛。"

有僧人问道："不知佛是何种烦恼？"

"佛的烦恼与一切人的烦恼一样。"

僧人又问："怎样才能避免？"

禅师讲道："避免它干什么？"

佛高坐在莲花座上也难免烦恼。那我们呢，是凡人，拥有更多的烦恼和更多的快乐，烦恼时勇敢面对，快乐时欣然享受。这才是人生的真谛。

但向己求

慧思禅师在堂上对大家开示道："道的本源不远，法性之海不远，只要向自己求索，不要从其他的地方去寻找，如果向外去寻找就无法得到，即使获得也不真实。"

学佛不一定要进寺院，参禅也并非要剃度，之所以生活也可称之为禅，因为我们能够从每一个细节里感悟禅。

自家宝藏

慧海禅师初到江西参见马祖道一禅师,马祖问道:"你从哪儿来?"

慧海答道:"从越州大云寺来。"

"来这里打算干什么?"

"求佛法。"

马祖说:"放弃自家宝藏不顾,弃家到处乱跑干什么?我这里什么也没有,你能求什么佛法呢?"

慧海便向马祖施礼拜问道:"哪个是我慧海自家的宝藏呢?"

马祖说:"现在问我的人就是你的宝藏,一切皆备,并无欠缺,完全可以自由使用,何必再向外寻找?"

慧海禅师一听立即识见到自己本心,不觉省悟,兴奋地拜谢马祖。

其实首先要懂得珍惜自己,才能够正视自己,充分利用自己身上的优势。每个人都是独一无二的,相信自己,你就是挖掘不尽的宝藏。

第九章
呵护心灵——真正的快乐天堂,就在你自己的心中

　　快乐,是个满世界讨人喜欢的甜蜜幽灵,也是让人为之终生苦苦追求的蓝色幽灵,更是让人为之痴迷且颠狂的妖魔幽灵。快乐幽灵并不神秘稀缺,它们成群结队,每时每刻都在人间游荡,犹如雨后的阳光洒满大地。只要自己丢下妄缘,抛开杂念,热闹场中亦可作道场,求得心灵的宁静和人生的快乐。

生活中的苦恼并不在苦恼本身

有一位青年，因为受了一些挫折变得非常忧郁、消沉。有一次他去海边散步，碰巧遇到以前的一位朋友，这位先生正好是一位心理医生。

于是青年就向这位医生朋友诉说他在生活及爱情中所遭受的种种烦恼，希望朋友能帮他解脱痛苦。

安静沉默的医生朋友，似乎没听这位青年的诉说，因为他的眼睛总是眺望着远方的大海，等到青年停止了说话，他自言自语地说："这帆船遇到满帆的风，行走得好快呀！"

青年就转过头看海，看到一艘帆船正乘风破浪前进，但随即又转回去了；他以为医生朋友并没有听懂他的意思，于是就加重语气诉说自己的种种痛苦，生活中的烦恼、爱情的坎坷、社会的弊病、人类的前途等等问题。

医生朋友好像在听，又好像没在听，依然眺望着海中的帆船，自言自语地说："你还是想想办法，让那艘行走的帆船停止吧！"

说完，就转身离去了。

青年感到非常茫然，他的问题没有得到任何解答，只好回家了。过了几天，他主动去找那位医生朋友了。一进门他就躺在地上，两脚竖起，用左脚脚趾扯开右脚的裤管，形状正像一艘满风的帆船。

医生朋友有点惊讶，接着就会心地笑了，随手打开阳台上的窗户，望着远处的山对青年说："你能让那座山行走吗？"

青年没有答话，站起来在室内走了三四步，然后坐下来，向医生朋友道谢，说完就离开了。走时神采奕奕，好像对生活充满了希望，当初的消沉和颓废完全不见了。

第九章
呵护心灵——真正的快乐天堂，就在你自己的心中

医生朋友事实上并未回答青年的问题，青年自己找到了答案。医生朋友的话让青年明白了，解决生活乃至生命的苦恼，并不在苦恼的本身，而是要有一个开阔的心灵世界；人们只有停止自心的纷扰，才不会被外在的苦恼所困厄，因此要解脱烦恼，就在于自我意念的清净，正如在满风时使帆船停止。

在生活中，我们每个人都像那个被情感、家庭、社会等一些问题所缠绕的青年一样，找不到安心的所在。唯有好好地在自己的身上下工夫，从内心的观照里，去改正自己的一言一行，才不至于觉得生活是无休止的劳苦。

自己若不气哪里来的气

一位老妇人脾气十分古怪，经常为一些无关紧要的小事大发雷霆，而且生气的时候说话很恶毒，常常无意中伤害别人。因此，她与周围的人相处都不太融洽。她也很清楚自己的脾气不好，也很想改，可是火气上来时，她就是没有办法控制自己。

一次，朋友告诉她："附近有一位得道高僧，为什么不去找他为你指点迷津呢？说不定他可以帮你。"她觉得有点道理，于是就抱着试一试的态度去找那位高僧了。

当她向高僧诉说自己的心事时，态度十分恳切，强烈地渴望能从高僧那儿得到一些启示。高僧默默地听她诉说，等她说完，就带她来到一座禅房，然后锁上门，一言不发地离去了。

这位老妇人本想从禅师那里得到一些启示，可是没有想到禅师却把她关在又冷又黑的禅房里。她气得直跳脚，并且破口大骂，但是无论她怎么骂，大师都不理睬她。老妇人实在受不了了，于是开始哀求大师放

了她，可是大师仍然无动于衷，任由她自己说个不停。

过了很久，禅师终于听不到房间里的声音了，于是就在门外问："你还生气吗？"

老妇人恶狠狠地回答道："我只是生自己的气，很后悔自己听信别人的话，干吗没事找事地来到这种鬼地方找你帮忙。"

禅师听完，说道："你连自己都不肯原谅，怎么会原谅别人呢？"说完转身就走了。

过了一会儿，高僧又问："还生气吗？"

老妇人说："不生气了。"

"为什么不生气了呢？"

"我生气又有什么用？还不是被你关在这又冷又黑的禅房里吗？"

禅师有点担心地说："其实这样会更可怕，因为你把气全部压在了一起，一旦爆发会比以前更强烈的。"于是又转身离去了。

等到禅师第三次来问她的时候，老妇人说："我不生气了，因为你不值得我生气。"

"你生气的根还在，你还是不能摆脱出来！"禅师说道。

又过了很久，老妇人主动问禅师："大师，您能告诉我气是什么吗？"

高僧还是不说话，只是看似无意地将手中的茶水倒在地上。老妇人终于明白：原来，自己不气哪里来的气？心地透明，了无一物，何气之有？

佛祖告诫我们："嗔心一起，于人无益，于己有损；轻亦心意烦躁，重则肝目受伤。"

我们不能做一个聪明人，但至少不要去做一个愚人。把生活中不如意的一些小事看得淡一点，并能在静观中有所收益，悟得生活中的种种禅机，我们就不会活得太累，活得不开心了。

第九章

呵护心灵——真正的快乐天堂,就在你自己的心中

心就是快乐的根

据说,终南山出产一种快乐藤。凡是得到此藤的人,一定会喜形于色,笑逐颜开,不知道烦恼为何物。曾经有一个人,为了得到无尽的快乐,不惜跋山涉水,去找这种藤。他历尽千辛万苦,终于来到了终南山。可是,他虽然得到了这种藤,可仍然觉得不快乐。

这天晚上,他到山下的一位老人家里借宿,面对皎洁的月光,不由得长吁短叹。

他问老人:"为什么我已经得到了快乐藤,却仍然不快乐呢?"

老人一听乐了,说:"其实,快乐藤并非终南山才有,而是人人心中都有,只要你心里充满欢乐,无论天涯海角,都能够得到快乐。心就是快乐的根。"

这人恍然大悟。

人生一世,草木一秋,能够快快乐乐地活一生,是每个人心中的梦想。但是怎样才能求得快乐呢?那就是要清醒地知道快乐之道的根本在我们自己。

人的心灵是最富足的,也是最贫乏的。不同的人之所以对生活的苦乐有着不同的感受是因为心灵的富足和贫乏。内心的快乐才是快乐之道。

甜蜜的樱桃

有个失意的人爬上一棵樱桃树，准备从树上跳下来，结束自己的生命。就在他决定往下跳时，学校放学了。

成群的小学生走过来，看到他站在树上。一个小学生问他："你在树上做什么？"

总不能告诉小孩我要自杀吧。于是他说："我在看风景。"

"你有没有看到身旁有许多樱桃？"小学生问。

他低头一看，原来他自己一心一意想要自杀，根本没有注意到树上真的结满了大大小小的红色樱桃。

"你可不可以帮我们采樱桃？"小朋友们说，"你只要用力摇晃，樱桃就会掉下来了。拜托啦，我们爬不了那么高。"

失意的人有点不耐烦，可是又违拗不过小朋友，只好答应帮忙。他开始在树上又跳又摇的，很快地，樱桃纷纷从树上掉下来。地面上也聚集了越来越多放学的小朋友，都兴奋而又快乐地捡食着樱桃。

经过一阵嬉闹之后，樱桃掉得差不多了，小朋友也渐渐散去了。

失意的人坐在树上，看着小朋友们欢乐的背影，不知道为什么，自杀的心情和气氛全都没有了。他采了些周遭还没掉到地上去的樱桃，无可奈何地跳下了樱桃树，拿着樱桃慢慢走回家里。

他回到家，仍然是那个破旧的家，一样的老婆和小孩。可是孩子们却非常高兴爸爸能带着樱桃回来。当他们一起吃过晚餐，他看着大家快乐地吃着樱桃时，忽然有一种新的体会和感动，他心里想着，这样的人生也还是充满了快乐和幸福的呀。

第九章

呵护心灵——真正的快乐天堂，就在你自己的心中

> 人生的苦与乐都是由自己感悟的，当你看到明媚的阳光，快乐的感觉也就随之而来，因为阴天的时候毕竟是少数。何苦只看消极而无法控制的那一面呢？

布袋上的"魔咒"

李琼对自己在广州上学时的一段经历念念不忘：

有一回他在学校附近碰见一个年轻的妇女站在大树底下兜售布袋——一种长方形单面有图案的纯棉购物口袋，价钱相当便宜，只售1元。于是他一下买了5个。

把布袋拿回宿舍，同学都说值，不料一位细心的同学蓦然惊呼："怎么上面有个'死'字！"定睛一看，布袋的图案四周原来还有一圈外文，几个较长的单词不认识，字典里也没有，中间一个"die"却触目惊心。再细看图案本身，几个简单而形状怪异的色块拼凑在一起，谁也辨不出那究竟是什么。

"我说这么便宜！""准是邪教的图腾！""巫婆！""咒语！"同学们大呼小叫。

虽说李琼向来不信邪，但挎着口袋上街时还是小心地把有图案的一面向里，以免引来旁人注目。有一次要寄衣物回家，那些口袋是再好不过的包裹，但瞅着那个碍眼的"die"，心里仍有些别扭，总不能往家里寄去一份不祥吧？后来想出个好主意，用同色的彩笔在"die"后面加上"t"，成"饮食、节食"之意。心里才舒服一点。

直至一年后，认识了一个外语学院的朋友，"咒语"之谜方水落石出：那句奇怪的外文其实是德语。"die"是德语中一个再普通不过的冠词，发音为"地"，用法相当于英语"the"，专用以修饰阴性名词，

"咒语"全句的意思是"保护世界环境"。

恍然大悟之后回头再看那神秘的图案，原来竟是世界七大洲的板块！

都说联想是思维的双翅，积极的联想会给我们带来智慧和财富，而人为臆造的凭空假想，往往都只会把我们带入烦恼的牢笼。本来是一句健康的标语，却被主观臆断为一句"巫婆的咒语"，这一年多的别扭，简直就是自讨苦吃。不要无端地增添自己的烦恼，心胸坦荡，自然也就百无禁忌。

18年后的改变

斯坦哈德结婚已有18年了，这么多年来，从他起床到离开家这段时间内，他很难对自己的太太露出一丝微笑，也很少说上几句话。家里的生活很沉闷。

他决定改变这种状况。一天早晨他梳头时，从镜子里看到自己那张绷得紧紧的面孔，他就向自己说：比尔，你今天必须让你那张像石膏像一样的脸露出一副笑容来，就从现在开始。坐下吃早餐的时候，他脸上有了一副轻松的笑意，他向太太打招呼：亲爱的，早！

太太完全愣住了，可以想象，她意想不到地高兴，斯坦哈德告诉她以后都会这样。从那以后，他们家庭的生活完全变样了。

现在斯坦哈德去办公室，会对电梯员微笑着说："你早！"去柜台换钱时，对里面的伙计，他脸上也带着笑容。他在交易所里时，对那些素昧平生从没有见过面的人，脸上也带着笑容。

不久他就发现每一个人见到他时，都向他投之一笑。对那些来向他道"苦经"的人，他以关心的、和悦的态度听他们诉苦。而无形中他

们所认为苦恼的事，变得容易解决了。微笑给他带来了很多很多的财富。

斯坦哈德和另外一个经纪人合用一间办公室，他雇用了一个职员，是个可爱的年轻人。那年轻人这样告诉斯坦哈德，他初来这间办公室时，认为他是一个脾气极坏的人。而最近一段时间来，他的看法已彻底地改变过来。他夸斯坦哈德微笑的时候很有人情味。

斯坦哈德也改掉了原先对人的批评，而把斥责人家的话换成赞赏和鼓励。他再也不讲我需要什么，而是尽量去接受别人的观点。这些真实地改变了他原有的生活，现在斯坦哈德是一个跟过去完全不同的人了——一个快乐而充实的人，因拥有快乐而更加充实。

微笑可以改变我们的面貌，让我们到处受到欢迎。当我们微笑的时候，我们的精神状态最为轻松，心理状态也就相对地稳定。充满着善意的微笑能够让对方感受到我们的亲切和喜悦，受到快乐情绪的感染，自然而然地，我们就赢得了更多的朋友和快乐。

快乐的钥匙

一个烦恼少年四处寻找解脱烦恼之法。

这一天，他来到一个山脚下。只见一片绿草丛中，一位牧童骑在牛背上，吹着悠扬横笛，逍遥自在。

烦恼少年看到了很奇怪，走上前去询问："你能教给我解脱烦恼的方法吗？"

"解脱烦恼？嘻嘻！你学我吧，骑在牛背上，笛子一吹，什么烦恼也没有。"牧童说。

烦恼少年试了一下，没什么改变，他还是不快乐。

于是他又继续寻找。走啊走啊,不觉来到一条河边。岸上垂柳成荫,一位老翁坐在柳荫下,手持一根钓竿,正在垂钓。他神情怡然,自得其乐。

烦恼少年又走上前问老翁:"请问老翁,您能赐我解脱烦恼的方法吗?"

老翁看了一眼面前忧郁的少年,对他说:"来吧,孩子,跟我一起钓鱼,保管你没有烦恼。"

烦恼少年试了试,还是不灵。

于是,他又继续寻找。不久,他路遇两位在路边石板上下棋的老人,他们怡然自得,烦恼少年又走上去寻求解脱之法。

"喔,可怜的孩子,你继续向前走吧,前面有一座方寸山,山上有一个灵台洞,洞内有一位老人,他会教给你解脱之法的。"老人一边说,一边下着棋。

烦恼少年谢过下棋老者,继续向前走。

到了方寸山灵台洞,果然见一长髯老者独坐其中。

烦恼少年长揖一礼,向老人说明来意。

老人微笑着摸摸长髯,问道:"这么说你是来寻求解脱的?"

"对对对!恳请前辈不吝赐教,指点迷津。"烦恼少年说。

老人答道:"请回答我的提问。"

"有谁捆住你了吗?"老人问。

"……没有。"烦恼少年先是愕然,尔后回答。

"既然没有人捆住你,又谈何解脱呢?"老人说完,摸着长髯,大笑而去。

烦恼少年愣了一下,想了想,有些明白了:是啊!又没有任何人捆住了我,我又何须寻找解脱之法呢?我这不是自寻烦恼,自己捆住自己了吗?

打开快乐之门的钥匙就握在我们自己的手中,没有人能够左右你的

思想，如果你自己找不到生活的乐趣，别人也不可能帮上你什么忙，因为他不可能把自己的意志强加于你。境由心造，要想过得快乐，就只能依赖自己。

不必伤心

因近来医院接连死了两个癌症患者，给医院笼罩上悲伤忧郁的气氛，许多住院病人情绪低落，有的茶饭不思，有的不肯打针吃药。主治医生急了，连忙向心理医生求助。

心理医生经过深入调查，了解到多数病人都认为癌症是绝症，无药可治，故此伤心失望。于是，心理医生以一套"不必伤心"的劝说词，化解了病人的这场心理危机。他对病人说：

"癌症并非不治之症。患了癌症有两种可能：一种是早期患者，一种是晚期患者。早期患者可以根治，你不必伤心。晚期患者也有两种可能：一种是经过治疗可以治愈，一种是一时未能治愈但还能活上几年。可以治愈的当然不必伤心，能够再活几年的也有两种可能：一种是今后随着医学技术的发展可使症状缓解，存活期延长；一种是到时确实医治无效而死。存活期延长的不必伤心，医治无效嘛……不必伤心，因为你已经死了，还有什么可伤心的呢？"

听到这里，病人们"扑哧"笑了起来。这笑声，驱散了几天来笼罩在病房里的愁云惨雾。

很多时候，我们就是因为钻牛角尖，把问题想得太悲观而看不到其积极的一面，从而平添了不少烦恼。

自己愉快也能带给别人愉快的人

一个少年去拜访一位年长的和尚,人们都称他为智和尚。少年问:"我如何才能变成一个自己愉快,也能够带给别人愉快的人呢?"

智和尚笑着对他说:"孩子,你有这样的愿望已经是很难得了。有很多比你年长的人,从他们问的问题本身就可以看出,不管怎样给他们解释,都不可能使他们真正明白其中的道理,就只好随他们去了。"

少年满怀虔诚地听着,脸上没有丝毫得意之色。

智和尚接着说:"我送给你四句话。第一句话是:把自己当成别人。你能说说这句话的含义吗?"

少年回答说:"您是不是说,在我感到忧伤的时候,就把自己当成是别人,这样痛苦就自然减轻了;当我欣喜若狂之时,把自己当成别人,那些狂喜也会变得平淡一些?"

智和尚微微点头,接着说:"第二句话,把别人当成自己。"

少年沉思一会儿,说:"这样就可以真正同情别人的不幸,理解别人的需求,而且在别人需要的时候给予帮助?"

智和尚两眼发光,继续说道:"第三句话,把别人当成别人。"

少年说:"这句话的意思是不是说,要充分地尊重每个人的独立性,任何情形下都不可侵犯他人的核心领地?"

智和尚哈哈大笑:"阿弥陀佛,孺子可教也。第四句话是,把自己当成自己。这句话理解起来太难了,留着你以后慢慢品味吧。"

少年说:"这句话的含义,我一时体会不出。但这四句话之间有许多自相矛盾之处,我用什么才能把它们统一起来呢?"

智和尚说:"很简单,用一生的时间和阅历。"

少年沉默了很久，然后叩首告别。

后来少年变成了壮年，又变成了老人。再后来在他离开这个世界很久以后，人人都还时时提起他。人们都说他是一位智者，因为他是一个愉快的人，而且也给每一个见到过他的人带来了快乐。

认识别人，被别人认识，认识自己，用一颗真诚的心将三者统一。把别人当成自己，把自己当成别人。关键在于认识自己，弄懂了这个道理，你就会拥有近乎完美的人格。

不同的比较换来不同的心境

从前，有一个老太太，她有两个女儿，大女婿是卖草帽的，二女婿是卖伞的。一到雨天，老太太就唉声叹气，说："大女婿的草帽不好卖，大女儿的日子不好过了。"但一到晴天，她又想起二女儿："又没人买雨伞了。"所以，不管晴天还是雨天，老太太都不开心。

一位云游和尚听说了这件事，就来开导她："晴天，你就想想大女儿的草帽好卖了，雨天，你就想想二女儿的雨伞一定生意不错。这样，你不就天天高兴了吗？"

老太太听了云游和尚的话，天天都有了笑容。

习惯于比较是人的天性，正是这种喜欢比较的天性促成了人与人之间的相互攀比，也促成了人的苦恼的产生。而且，人总是习惯于去看比较之后那不利的一面，所以，苦恼当然就会随即而至。

快乐是"比"出来的

有一位贫穷的人向禅师哭诉:"禅师,我生活得并不如意,房子太小、孩子太多、太太性格暴躁。您说我应该怎么办?"

禅师想了想,问他:"你们家有牛吗?"

"有。"穷人点了点头。

"那你就把牛赶进屋子里来饲养吧。"

一个星期后,穷人又来找禅师诉说自己的不幸。

禅师问他:"你们家有羊吗?"

穷人说:"有。"

"那你就把它放到屋子里饲养吧。"

过了几天,穷人又来诉苦。禅师问他:"你们家有鸡吗?"

"有啊,并且有很多只呢。"穷人骄傲地说。

"那你就把它们都带进屋子里吧。"

从此以后,穷人的屋子里便有了七八个孩子的哭声、太太的呵斥声、一头牛、两只羊、十多只鸡。三天后,穷人就受不了了。他再度来找禅师,请他帮忙。

"把牛、羊、鸡全都赶到外面去吧!"禅师说。

第二天,穷人来看禅师,兴奋地说:"太好了,我家变得又宽又大,还很安静呢!"

<u>好与坏是相对的,没有绝对的好,也没有绝对的坏。对待生活,要有适应能力,任何人都无法拥有绝对的快乐。有时放宽心态,换个角度,会发现即使是困境也有让人欣慰和满意的一面。</u>

太好了

一个小和尚在庙里待烦了，总觉得心情烦闷、忧郁，高兴不起来，就去向师父诉说了烦恼。

圆通和尚听了徒弟的抱怨后说："快乐是在心里，不假外求，求即往往不得，转为烦恼。快乐是一种心理状态，内心淡然，则无往而不乐。"

接着，他给徒弟讲了这样一个故事：

某个村落，有个老爷，一年到头的口头禅是"太好了，太好了"。有时一连几天下雨，村民们都为久雨不晴而大发牢骚，他也说："太好了，这些雨若是在一天内全部下下来，岂不泛滥成灾，把村落冲走了？神明特地把雨量分成几天下，这不是值得庆幸的事吗？"

有一次，"太好了"老爷的太太患了重病。村民们以为，这次他不会再说"太好了"吧？于是，都特地去探望他们。

哪知，一进门，老爷还是连说："太好了，太好了。"

村民不禁大为光火，问他："老爷，你未免太过分了吧？太太患了重病，你还口口声声'太好了'，这到底存的什么心呀？"

老爷说："哎呀，你们有所不知。我活了这么一大把年纪，始终是老婆照顾我，这次，她患了病，我就有机会好好照顾她了。"

讲完了故事，圆通和尚启发弟子："生活在世上，能把坏事从另一个角度看成是好事，不是很有启示吗？只要抱着积极乐观的态度，面对一切遭遇，就没有什么摆脱不了的忧郁。"

<u>世界上不存在极乐天堂，没有人能够逃脱不幸与不快，没人能从世俗的烦恼中解脱出来。所以你所能做的就是端正态度，积极地去应付这些不愉快。</u>

心中有景

南山下有一庙，庙前有一株古榕树。一日清晨，一个小和尚来洒扫庭院，见古榕树下落叶满地，不禁忧从中来，望树兴叹。忧至极处，便丢下笤帚至师父的堂前，叩门求见。

师父闻声开门，见徒弟愁容满面，以为发生了什么事，急忙询问："徒儿，大清早为何事如此忧愁？"

小和尚满面疑惑地诉说："师父，你日夜劝导我们勤于修身悟道，但即使我学得再好，人总难免有死亡的一天。到那时候，所谓的我，所谓的道，不都如这秋天的落叶，冬天的枯枝，随着一抔黄土青冢而湮没了吗？"

老和尚听后，指着古榕树对小和尚说："徒儿，不必为此忧虑。其实，秋天的落叶和冬天的枯枝，在秋风刮得最急的时候，在冬雪落得最密的时候，都悄悄地爬回了树上，孕育成了春天的叶，夏天的花。"

"那我怎么没有看见呢？"

"那是因为你心中无景，所以看不到花开。"

面对落叶凋零而去憧憬含苞待放，这需要有一颗不朽的年轻的心，一颗乐观的心。只要心中有景，何处不是花香满园？

快乐用心去感受

一次，景岑禅师出去布道。傍晚时分，他看到一位孕妇背着一只竹篓走过，她的衣服破旧，脚上落满尘土，竹篓似乎很重，压得她都直不起腰来。她的左手牵着一个小女孩,右臂抱着一个更小的孩子,匆忙地赶路。

景岑禅师以为,这样沉重的生活一定会让这位妇人不堪重负,可是她的脸上却有着像明月一样温婉的笑容。

她只是一个普通的女人,为了生活辛苦地奔波。但是她自己有所追求,所以不但没有觉得劳苦,反而感觉到十分充实而且快乐。能微笑着对待生活的艰辛,可见她有一种良好的心态,她的心境是平和的。

看到这些,景岑禅师非常感动,心想:"世人都能这样生活,哪还会有什么烦恼呀?也不需要佛祖来普度众生了。"

我们每个人都有自己的生活,都有选择精彩人生的机会,关键在于你有没有一颗感受快乐的心,这是属于你的权利,没有人能够控制或夺去。如果你能时时用心感受快乐,你生命中的其他事情都会变得容易许多。

笑医百病

有一位老先生,得了病,头痛、背痛、茶饭无味、萎靡不振。他吃了很多药,也不管用。这天听说来了一位著名的禅师,精通医道,他就去看病。禅师望闻问切一番后,给他开了一张方子,让老先生去按方抓药。老先生来到药铺,给卖药的师傅递上方子。师傅接过一看,哈哈大笑,说这方子是治妇科病的,禅师犯糊涂了吧?老先生赶忙去找禅师,禅师却出门了,说要一个多月才能回来。老先生只好揣起方子回家。回家路上,他想起糊涂禅师开糊涂方,自己竟得了"月经失调"的妇女病,禁不住哈哈大笑起来。这以后,每当想起这事,老先生就忍不住要笑。他把这事说给家人和朋友,大家也都忍不住乐。一个月后,老先生去找禅师,笑呵呵地告诉禅师方子开错了。禅师此时笑着说,这是他故意开错的——老先生是肝气郁结,引起精神抑郁及其他病症,而笑,则是他给老先生开的"特效方"。老先生这才恍然大悟——这一个月，老先生光顾笑了，什么药也没吃，身体却好了。

老话讲："笑一笑，十年少。"的确，经常保持愉快的心情，笑口常开，是大有益于身心健康的。笑，使肌肉变得柔软，身心在极度放松的状态下，很难引起焦虑。

有一位幽默专家说：只要我笑，就多一分觉醒，对这个世界更有安全感。

把生活当成一种艺术

有一次，英国游客杰克到美国观光，导游说西雅图有个很特殊的渔市场，在那里买鱼是一种享受。杰克和同行的朋友听了，都觉得好奇。

那天，天气不是很好，但杰克发现市场并非鱼腥味刺鼻，迎面而来的是渔贩们欢快的笑声。他们面带笑容，像合作无间的棒球队员，让冰冻的鱼像棒球一样，在空中飞来飞去，大家互相唱和："啊，5条鳍盆飞明尼苏达去了。""8只蜂蟹飞到堪萨斯。"这是多么和谐的生活，充满乐趣和欢笑。

杰克问当地的渔贩："你们在这种环境下工作，为什么会保持愉快的心情呢？"

渔贩说，事实上，几年前的这个渔市场本来也是一个没有生气的地方，大家整天抱怨，后来，大家认为与其整天抱怨沉重的工作，不如改变工作的状态。于是，他们不再抱怨生活的本身，而是把卖鱼当成一种艺术。再后来，一个创意接着一个创意，一串笑声接着另一串笑声，他们成为渔市场中的奇迹。

渔贩说，大伙练久了，人人身手不凡，可以和马戏团演员相媲美。

第九章 呵护心灵——真正的快乐天堂，就在你自己的心中

这种工作的气氛还影响了附近的上班族，他们常到这儿来和渔贩用餐，感染他们乐于工作的好心情。有不少没有办法提升工作士气的主管还专程跑到这里来询问："为什么一整天在这个充满鱼腥味的地方做苦工，你们竟然还这么快乐？"他们已经习惯了给那些不顺心的人排疑解难，"实际上，并不是生活亏待了我们，而是我们期望太高以致忽略了生活本身。"

有时候，渔贩们还会邀请顾客参加接鱼游戏。即使怕鱼腥味的人，也很乐意在热情的掌声中一试再试，意犹未尽。每个愁眉不展的人进了这个渔市场，都会笑逐颜开地离开，手中还会提满了情不自禁买下的货，心里也会悟出一点道理来。

<u>如果你不能改变生活方式，那你就试着去改变自己的生活态度。同样的一件事，你的眼光不同，它在你心目中的价值也就有所不同，把生活和工作当成一种艺术，你才能发现其中的乐趣。生活对待每一个人都是公平的，关键是你的心态。</u>

小蝈蝈的佛性

禅房悟道需要清净之地，这是每个悟禅打坐之人的必然想法和要求。而在老方丈的禅房里，却有一只蝈蝈经常鸣叫不止。这一天，前来向老方丈讨教的一个小和尚听到了蝈蝈的叫声，就对老方丈说："清净之地怎容下这小生灵扰乱，我把它捉了放到山上去。"

老方丈微笑着对这个小和尚说："不用不用，这是我请来的颇具佛性的贵客，它为我伴读、陪我诵经，不分昼夜、永无懈怠，是我的同道、知音和良师益友，哪有捉了放到山上去的道理呢？"

小和尚以为老方丈在和自己开玩笑，但又不像，便小声地问道：

"小蝈蝈也有佛性吗?"

"当然有佛性了,"老方丈特别认真地说,"事无巨细、物无大小,蝈蝈体躯尽管微小,但却耐得寂寞、清音长鸣,它是漫漫长夜的伟大歌手,更是修得道行的虫界的高僧。"

在这个世界上,无论威严和卑微,只要有你的声音和作为,你就有存在的价值和意义,也会得到相应的关注和尊重。

太阳以无比辉煌的光芒照耀大地,老虎以异常勇猛的姿态威震山林。可是,太阳和猛虎却不能像蝈蝈那样唱出优美的旋律,这就是大自然的神奇和美妙。

以苦为乐

《缁门崇行录》记录了历代高僧的修行情况。

唐朝通慧禅师30岁出家,不蓄粮食,饥则吃草果,渴则饮水,树下住,终日禅思,经过五年,因木头打到土块上,块破形销,豁然大悟。晚年一裙一衲,一双麻鞋穿了20年,布衲缝缝补补,冬夏不易。

唐朝智则禅师总是披着破衲,裙子垂到膝上,房间仅有单床、瓦钵、木匙,房门从不关闭。他说出家远离世俗了,不修道业,专为衣食奔忙,浪费时间,扰乱内心宁静,这样怎么能行?

唐朝慧熙禅师一个人住在岩洞里,不接受居士供养的房舍,日中一食,坐垫周围都是灰尘杂草。衣服敝陋,仅能遮挡风寒,冬天穿一阵,夏天就挂到壁上。

此外,还有扁担和尚一生拾橡栗为食;永嘉大师只吃自己种的菜;高僧惠休30年只穿一双鞋,遇到软地就赤脚……

高僧之所以能够在修道上取得那样高的成就,这与其甘愿吃苦,摒弃物质享受有着绝对的因果关系。

　　反观今天的好多人，不管有没有事业，不管有没有钱，都拼命追求物质享受，美味佳肴、绫罗绸缎、跑车别墅……高僧的高风亮节，不禁让我辈高山仰止。

　　佛教认为人有生苦、老苦、病苦、死苦、爱别离苦、怨憎会苦、求不得苦及五阴炽盛苦这八苦。

　　而追求事业成功之人所经历的岂止是八苦？有工作之苦、环境之苦、气候之苦、身体之苦、离乡背井之苦、抛妻别子之苦、寂寞孤独之苦、上当受骗之苦、挫折失败之苦乃至于血本无归之苦等等。对于这么多苦，如果一个人都能从容面对、积极克服，那还有什么困难不能克服的呢？